超市魔法家
105個日常小物
300種創意生活

陳映如◎著

一起發掘日常用品的
創新妙用

　　提到寫書，很多作者都會用「懷胎十月、含辛茹苦、終於誕生」形容整個過程的艱辛以及期待。這樣的形容，用在我的《超市魔法家》一書，其實再適合也不過了。因為這一年多，從籌畫、發想、寫作到拍攝等過程中，一起合作的專案企畫～靜怡，剛好也從人妻、孕婦升格成媽媽的角色。

　　2008年7月9日，我收到來自出版社的e-mail，主旨為「書的提案通過了！」，收到這封信時，我真的是高興又害怕，高興的是，能再度獲得出書邀約，對我而言是個肯定，而且上回和出版社團隊相處愉快，能再次合作，也讓人非常期待。然而在高興之餘，擔心的事也是多到說不完。從規畫主題、整理及發想新點子、試驗每個方法，到動手寫內容、設計畫面構圖、準備拍攝所需道具，以及下標題，最後還得一次又一次的校稿……光想到接下來一連串的工作，就覺得已快把我壓得喘不過氣了！

　　此時，我媽媽突然跳出來，誠懇的勸了一句話：「你真的還要出書嗎？每次看你出書都那麼辛苦，你真的要想清楚啊！」聽到媽媽的這番話，我認真思考起來，此時頭腦裡的兩個我，開始對話了！

　　「真的要出書嗎？」

　　「很累耶！」

　　「要不要多休息一陣子再出？」

　　「對啊～反正這種書沒有時效性，也不急。」

　　其實，在自問第一個問題時，心中的答案已經出來了！

　　我很清楚的知道，我真的想寫這本書，我也知道自己可以做得好，於是就下定決心開始用力的做吧！

為什麼想出《超市魔法家》這本書？

從以前到現在，我總認為，不管是居家的清潔或者收納，都應該以「方便、簡單、實用」為出發點。現代人如此忙碌，若為了解決生活中大大小小的家事煩惱，得到化工行、專門店或者各大賣場，花很多時間及精力選購適合的工具，然後再回家進行清潔工作，實在太辛苦了！

所以，我在實際生活上或是教學採訪，需要用到家事或清潔用具時，家附近的超級市場，一直都是我的購物首選。多年來縱橫超市，讓我發現這兒真是個挖寶的好所在。而且貨架上，這些我們熟悉、常用的商品，看似「簡單」，其實只要動動腦，就能發掘許多超乎想像的無限妙用；像是用假牙清潔錠浸泡衣物，就能讓發黃的衣服恢復潔白；烘焙用的小蘇打除了料理用途外，還能做成深層清潔洗髮精；另外，利用紅豆就可以自製具有淡淡清香的暖暖包；甚至只要一根小小的牙籤，就能解決切菜時，食材沾黏在刀面的麻煩，很神奇吧！

用生活周遭最容易取得的素材，創造神奇、好用又簡單的生活點子，就是《超市魔法家》一書想要給大家的概念。在書中，我參考超市貨架的陳列方式，將商品分成「居家清潔」「家用百貨」「廚房用品」「個人用品」「食品」等五大類。大家不妨循著這些類別和品項，一起來發掘家中物品，還有哪些新鮮有趣的創新妙用，和我一同做個「超市魔法家」吧！

I 居家清潔用品的創意用途　🧽 清潔　💡 生活妙方　🧴 收納　◎ 美化環境

III 廚房用品的創意用途 清潔 生活妙方 收納 美化環境

聰明使用 調理用具

塑膠袋

鋁箔紙

烘焙紙

聰明使用 廚房清潔用品

橡膠手套

IV 個人用品的創意用途  清潔 生活妙方 收納 美化環境

V 食品的創意用途（一）　清潔　生活妙方　收納　美化環境

聰明使用 蔬菜

大蒜、洋蔥、蘿蔔、番茄、馬鈴薯

聰明使用 水果

橘子

柳丁＆檸檬

VI 食品的創意用途（二） 清潔 生活妙方 收納 美化環境

I
居家清潔用品
的創意用途

聰明使用
衣物清潔劑
肥皂 / 漂白水 / 烘衣紙 / 柔軟精

 清潔　 生活妙方　 收納　 美化環境

肥皂

洗衣肥皂
有效去除襪子髒污

　洗衣肥皂可以有效去除衣領及袖口的髒污，對付髒襪子也很有效。若是肥皂用到最後變得很小塊不容易用時，可以在洗滌髒襪子時，直接把襪子套在手上，肥皂置於掌中，搓揉一下，就可以將污垢徹底去除，乾淨又快速！

肥皂絲加水
去除洗衣槽污垢

　很多人都會使用洗衣槽清潔粉，來做洗衣機的清潔和保養。其實在定期的清潔上，也可以用傳統肥皂代替洗衣槽專用粉，效果不錯。

　用法就是將水晶肥皂（或天然肥皂），先刨成絲、用熱水溶解後倒入已注滿水的洗衣槽內，並運轉10分鐘。運轉後，讓肥皂水浸泡在洗衣槽內，約三小時再排掉，最後依正常洗衣程序空洗一遍，即可去除洗衣槽內污垢。

💡 利用刨刀
自製環保又好用的肥皂絲

　　傳統的肥皂成分單純、天然環保，而且去污力強，用來清洗較髒的衣物，效果非常好！在使用上，除了可以用肥皂直接刷洗衣物外，若是用洗衣機清洗時，則可以用刨刀，將肥皂刨成自製肥皂絲。

> **TIPS** 肥皂絲的洗淨力很好，但有不易溶解於水中的問題，所以使用肥皂絲的話，可以先用熱水溶解，再放入洗衣機中。

漂白水

💡 少量漂白水　延長花期

　　氯系漂白水中的次氯酸鈉能抑制生長酵素作用，還能防止細菌滋生。所以將切花放入花瓶時，可以在水中加入適量的漂白水（1公升的水加1cc漂白水），就能延長花期。

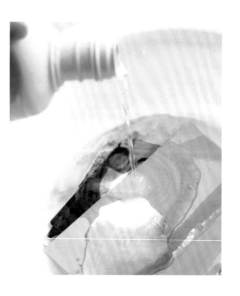

💡 利用漂白水　快速銷毀不要的照片

　　家中若有很多不要的照片，最快的銷毀方式，就是將照片泡在氯系漂白水中。當照片碰到漂白水，圖案就會溶掉看不清。

漂白水加肥皂　自製萬能去污膏

　　利用氧系漂白水和肥皂，就能自製功效極佳又環保的萬用去污膏。自製的萬用去污膏，可以直接塗抹在衣服的髒污處，做為衣物清潔劑，也可以用來刷洗廚房的流理台、水槽，或者浴室的洗臉盆、地板細縫等處，清潔效果都很好。

　　要特別提醒大家，此萬用去污膏，因為成分溫和，若遇重污時，塗抹之後最好靜置一回兒，讓去污膏有足夠的時間分解污垢，效果才會明顯。

萬用去污膏作法如下：

STEP ❶：將肥皂刨成絲後，置於空瓶中。

STEP ❷：接著倒入氧系漂白水，並靜置半天。（漂白水的量蓋過肥皂絲即可）

STEP ❸：完成後可用於衣物去污等用途。

泡漂白水　讓保存的牙齒更潔白

　　很多人拔牙後都會將牙齒留下來做紀念，如果要讓保存的牙齒看起來更美麗潔白，教大家一個小妙招，將牙齒泡在氯系漂白水一回兒，就可以了！

漂 白 水 小 百 科

市售的漂白水主要分成氧系及氯系漂白水，其特性分別如下：

氯系漂白水：氯系漂白水就是大家一般最熟悉的漂白水種類，它的特色就是，不管任何顏色的衣物，只要滴到氯系漂白水，就會變白，漂白效果快又強，而且加水稀釋後，能用居家消毒。

氧系漂白水：一般可用於花色衣物的漂白水，就是氧系漂白。其主要成分是過氧化氫，也就是雙氧水。氧系漂白水作用的速度較慢，但相較於氯系漂白水，是對環境較友善的選擇！

🧽 紙巾沾漂白水 有效去除矽利康霉斑

　　浴室洗手台或者浴缸四周的矽利康邊條，因為濕氣之故，很容易有發霉情形！

　　把廚房紙巾捲成條狀並用氯系漂白水沾濕，直接敷在矽利康發霉處，待矽利康恢復原本的白色時，就可以將廚房紙巾取下，並沖乾淨。

烘衣紙

💡 烘衣紙　可以代替柔軟精

　　家中剛好沒有柔軟精，別急著去買，可利用烘衣時常會用到的防靜電烘衣紙代替。在洗衣的最後一道過程中，撕兩張烘衣紙放入洗衣機中一起洗滌，就有柔軟衣物的效果。

💡 抽屜內放烘衣紙　讓衣物常保芳香

　　烘衣紙除了可以用於烘衣外，也可以置於衣櫃或抽屜內，讓衣物常保芳香。若放在鞋子內，則可減少鞋中的異味。

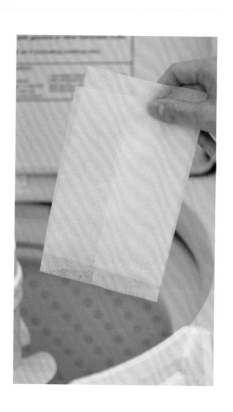

🧽 烘衣紙擦家電　除塵效果佳

　　烘衣紙可作為除塵紙，不論直接擦拭或是置於除塵拖把上，代替除塵紙都很方便！由於烘衣紙可以消除靜電，用來擦拭像是電視、音響等易沾附灰塵的家電，效果很好。

🧽 烘衣紙沾水　有效去除浴室皂垢

　　浴室拉門常會有水垢、皂垢殘留，非常難清理。大家可以試試用沾濕的烘衣紙刷洗浴室拉門，洗好後用水沖淨，就能去除皂垢。

柔軟精

💡 用柔軟精自製烘衣紙

烘衣紙剛好用完，沒關係！只要將用過的烘衣紙泡在柔軟精中，浸濕後稍微擰乾，就可以放入烘衣機再次使用。

💡 過量柔軟精　影響毛巾吸水力

很多人都習慣在洗衣的最後一個步驟放柔軟精，覺得衣服柔柔香香，很舒服。然而使用柔軟精別放過量，如果放太多，會影響毛巾的吸水力。

🧽 清洗排汗衫
不可使用柔軟精

具有排汗功能的排汗衫，是夏日許多人的穿著選擇，然而在洗滌排汗衫時別用柔軟精，因為柔軟精會堵住纖維，影響排汗效果。如果不小心用了柔軟精，可以將衣服泡在40℃的溫水中，把柔軟精釋出。

💡 白醋加潤絲精
自製衣物柔軟精

如果家中的柔軟精剛好用完，可以利用白醋和潤絲精自製柔軟精，效果也不錯。將潤絲精：白醋：水，以2：3：6的比例調勻，即可使用。至於用量及用法，則和市售的衣物柔軟精相同。

聰明使用
衣物清潔用品

曬衣夾 / 衣架 / 洗衣球＆洗衣袋

清潔　生活妙方　收納　美化環境

曬衣夾

衣領加曬衣夾
衣物平整不易縐

　　洗好的衣服尤其是襯衫，在晾曬時，可以在領子和袖子的部分夾曬衣夾；因為衣夾有重量，可以把衣物稍微拉平，晾乾後會較平整，整燙時更輕鬆省事。

> **TIPS**
> 使用此方法所留下的衣夾痕，其實並不明顯，而且用熨燙過後，痕跡就會消失。

用曬衣夾抓出摺線
熨燙更容易

　　燙西褲或者百褶裙時，有時候很難將摺線抓好。其實在熨燙前，可以先用曬衣夾將線條夾緊、固定，會更容易上手。

💡 圓型曬衣夾　曬褲子更快乾

　　圓形的曬衣夾，除了適合晾曬襪子、手帕等配件外，利用它來曬褲子，可以將褲子撐開成立體狀，會比用傳統衣架更容易曬乾。

> **TIPS**　若用圓形曬衣夾晾曬手帕、毛巾或襪子時，切記長的衣物夾中間，短的夾外側，才會更快乾。

衣架

💡 衣架向上折　曬背心不滑落

　　晾曬汗衫、背心等細肩帶的衣物時，衣服很容易滑落。只要將衣架兩端往上折，肩帶就不會掉下來。

> **TIPS**　衣架折成此形狀後，也可以將鞋子套在左右兩端，當曬鞋架子使用。

💡 利用衣架　自製實用書報架

利用鐵絲衣架再加上簡單的兩個步驟，就可以自製雜誌架。此款雜誌架，可以掛在浴室牆上或床頭，收納隨手翻閱的刊物。

STEP ❶：將衣架的兩端往下壓。
STEP ❷：再把原本橫桿的部分稍微往前拉一點點，就成了簡易的雜誌架。

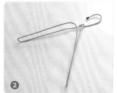

🧹 衣架加舊襪子　變身萬用清潔棒

將衣架拉成長型，並在衣架套上不要的襪子，就成了萬能清潔棒。作法如下：

STEP ❶：把衣架拉成如圖的長型。
STEP ❷：再把襪子一隻隻套在衣架上。
STEP ❸：可依清潔區域的不同，把衣架稍微彎曲成所要的角度，非常方便好用。

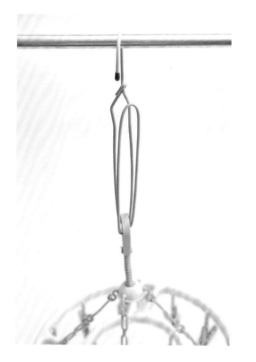

💡 用衣架調整曬衣夾高度

通常我們都會將圓形曬衣夾鉤在洗衣間的曬衣桿上,直接使用;但如果掛得太高,晾曬衣服會很不方便。要調整曬衣夾的高度,就請衣架幫忙吧!

STEP ❶:先將衣架拉直。

STEP ❷:再依所需長度將尾端向上折起成掛鉤狀。

洗衣球 & 洗衣袋

🧽 襪子塞洗衣球
輕鬆洗淨不費力

清洗小朋友的髒襪子,媽媽們最常做的事,就是拚命的刷刷洗洗。其實洗襪子也有較省力的方法!先將1～2顆洗衣球丟入襪子內,再放入洗衣機,按一般洗衣方式洗滌。由於洗衣球能產生搓揉的力道,輕鬆達到去污效果。

💡 用洗衣袋自製泡澡包

　　冬天泡澡時，有些人會在水中加橘子皮、薑皮等天然素材，不僅能帶來香氣，更具有獨特的滋潤功效。要利用這些食材做入浴劑，除了可以裝在中藥的棉布包外，洗衣袋也是很方便的選擇。只要將這些材料放入洗衣袋中，拉上拉鍊，自製的泡澡包就完成了！

💡 洗衣袋發芽菜　方便易成功

　　在家發芽菜，大部分的人都會用方便換水的燒水壺做為容器，或者在廣口瓶的瓶口包個網布，以便瀝乾水分。我的經驗發現，用細網的洗衣袋來發芽菜，非常好用。一來在換水的過程中，種子不易流失，而且沖完水後，殘留的水分能徹底瀝乾，種子不易腐爛。

STEP ❶：將種子放入洗衣袋中，直接泡水4小時。
STEP ❷：每天早晚隔著洗衣袋，讓種子沖沖水後，掛在陰涼處
STEP ❸：約3天就可以採收，採收之前可以將種子移到較有陽光的地方，增加芽
　　　　菜的葉綠素，收成時會較翠綠可口。

聰明使用
家用清潔劑

清潔劑 / 洗碗精

清潔　　生活妙方　　收納　　美化環境

清潔劑

玻璃清潔劑
可以把白板擦乾淨

　　白板用了一陣子後，常會有擦不乾淨的情形。若要恢復昔日的潔白，除了白板專用清潔劑外，沒想到用玻璃清潔劑，效果也非常好！只要將玻璃清潔劑噴在白板上，輕輕一擦立刻見效！

泡沫式清潔劑
有效對付紗窗油垢

　　廚房的紗窗，因為長時間接觸油煙，所以格外難清理。

　　清潔時，選用泡沫式的廚房清潔劑，效果會更好。因為大量泡沫，再加上廚房清潔劑本身較強的去油力，可以深入紗網徹底分解重油垢。

居家清潔用品的創意用途

🧽 水垢清潔劑
　　對付馬桶污垢也有效

　　家中馬桶若有污垢殘留，可以利用清洗熱水瓶的水垢清潔劑來去除。將一湯匙的水垢清潔劑加入200ml清水溶解後，直接噴灑於污垢處並刷洗即可去污。因為水垢清潔劑的主要成分為檸檬酸，所以對於去除馬桶的尿垢及水垢也很有效。

💡 廚房清潔劑
　　是對付蟑螂的好幫手

　　廚房清潔劑含有界面活性劑，能沾附在蟑螂脆弱的腹部，所以情急時，也可以拿來殺蟑螂！尤其是泡沫式清潔劑，殺蟑效果特別好！

洗碗精

💡 吸盤沾點洗碗精　牢固不易掉

　　吸盤式掛鉤用久了，吸力會降低，變得無法牢固，這樣的情況該怎麼辦？

　　如果要讓吸盤掛勾吸得更牢，可以在固定之前，將少量的洗碗精（或洗髮精），均勻塗在整個吸盤上，這樣一來，就能減少吸盤和牆面之間的空氣，穩固程度就會大大提升。

> **TIPS** 吸盤掛鉤黏好後，最好放置一天再使用，穩固度會提高，掛東西較不易掉。

軟毛刷沾洗碗精
寶石明亮有光澤

寶石類的飾品佩戴一陣子後，因為髒污附著，常會失去應有的光澤。在清潔時，可以將洗碗精和水以1：2的比例調合，用軟毛牙刷沾此清潔液輕輕刷洗並沖淨，寶石就會恢復原有的亮澤度。

洗碗精加水
徹底洗淨果汁機

果汁機的底部，很容易有食物渣殘留，再加上有刀片設計，清洗時怕會割到危險。

其實只要在果汁機內加一點點的洗碗精和溫水，接著蓋上蓋子，依一般操作方式讓果汁機運轉，就能徹底洗淨無死角。

TIPS 果汁機底部髒污情況嚴重時，除了洗碗精和溫水外，可以加蛋殼一起攪拌，清潔效果更好。

聰明使用
防蟲芳香用品
蠟燭／衣物香氛袋＆冰箱除臭劑

蠟燭

利用蠟燭　解決拉鍊卡住的問題

　拉鍊卡住時，可以用白蠟或者蠟燭來回塗抹數次，並輕輕的來回拉動數次，就能解開。

蠟燭塗皮革　新鞋好穿不磨腳

　新買的鞋子，若皮革太硬不好穿，可以用蠟在後跟內緣來回塗幾次，再稍微壓一壓，皮革就會變比較軟。

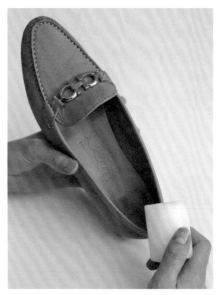

衣物香氛袋＆冰箱除臭劑

衣物香氛袋　讓衛生紙散發清香

　把衣物香氛袋墊在廁所的抽取式衛生紙下，因為紙張會吸附氣味，每張衛生紙都會香香的，空氣中也充滿淡淡的香氣。

除臭劑黏垃圾桶蓋　避免異味產生

　若想要避免垃圾桶內產生異味，最簡單有效的方法，就是將除臭劑直接黏貼在垃圾桶蓋內側，讓它能時時發揮作用！

💡 冰箱除臭劑　有效去除衣物的樟腦味

　　換季收納衣物時，大部分的人都會擺放樟腦丸等防蟲劑，時間一久，衣物都有防蟲劑的氣味。如果想要快速去除這味道，利用冷藏庫專用的除臭劑就ok了！

　　將衣服放在塑膠袋內，並在袋中放入冷藏專用的除臭劑，接著將開口密閉，大約2～3小時，氣味就會消失了！

> **TIPS**
>
> 目前市售的樟腦丸，大多是用萘或者對二氯苯製成，對人體具有毒性，建議大家不要使用。
>
> 衣服若要防蟲害，除了選用小蘇打、竹炭等天然防潮道具，並常開除濕機保持適當濕度外；收納前徹底洗淨，避免留下食物殘渣，蟲蟲危機自然能解除。

II
家用百貨
的創意用途

聰明使用
修繕工具

電工膠帶 / 油漆刷 / 棉手套

 清潔　生活妙方　收納　美化環境

電工膠帶

 **利用電工膠帶　做好書本分類**

　　家中若有學齡前的孩子，在收納童書時，家長可以利用不同顏色的貼紙做記號，如此一來，即使孩子不識字，也能清楚的將書本分類收好。

　　其實色彩分類法，除了可以選擇彩色貼紙外，不同色的電工膠帶也是很好用的幫手，相較於貼紙，電工膠帶更便宜喔！

📦 色彩分區法　搬家打包不出錯

　　搬家時，也可以將空間分成不同色（例如：紅色代表廚房、藍色代表客廳），並在打包好的箱子上，依區域貼上各色的電工膠帶做記號，待物品搬到新家時，只需對照顏色就知道每個箱子該放那兒！

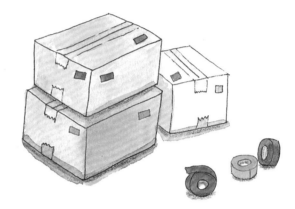

💡 用電工膠帶做記號　裁切寶特瓶更容易

　　做勞作時，常需要裁切寶特瓶或者飲料罐等空瓶，以便做出不同的作品。在裁切之前，大家通常都會用油性筆做記號，標出切割線，但有時候因為筆痕較細，容易看不清楚而剪歪。

　　下回在割空瓶時，可以試試用電工膠帶，黏貼出要裁剪的部分，因為膠帶的色彩鮮明，能讓你看得清楚、剪得輕鬆，不出錯！

TIPS　切割寶特瓶時，其實用剪刀剪會比用刀片割，更容易下手。建議大家可以先用刀片割出一個切口，接下來的部分就改用剪刀來操作。

油漆刷

 用油漆刷深入細縫　徹底除塵

　　油漆刷除了可以用來刷油漆外，也是除塵的好工具！舉凡木雕品、藤製品的細縫、遙控器按鍵四周的灰塵等死角髒污，都可以用油漆刷刷掉。

棉手套

 **戴上厚棉手套
快速擦拭百葉窗**

　　擦拭百葉窗最乾淨的方法，就是一片片慢慢擦！很多人都覺得這樣做很麻煩！若想要擦得乾淨又想省力的話，可以將工作用的厚棉手套戴在手上，並且在手上噴一點點的玻璃清潔劑，利用手套當抹布，當指頭夾住葉片輕輕劃過，百葉窗立刻乾乾淨淨！

細棉手套　靈活擦拭擺飾品

　　家中的擺飾，常會有許多凹凹凸凸的小細縫，清潔除塵時很難擦乾淨。若要去除這些擺飾品上的灰塵，最快的方法，就是將白色的細棉工作手套套在手上，利用手指深入細縫，就能很快速的除塵。

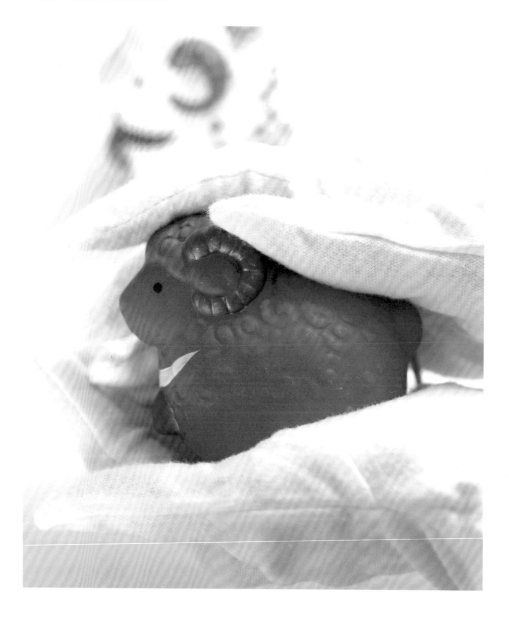

聰明使用
免洗＆烤肉用品

吸管 / 免洗筷 / 木炭

 清潔　 生活妙方　 收納　 美化環境

吸管

💡 用吸管讓小朋友吃藥更容易

小朋友吃藥時，常會把藥粉加在甜甜的糖水內，以減少對藥味的排斥。然而加在糖水中的藥粉有時很難完全溶解。在吃藥時，若用吸管吸會比直接喝更容易將藥粉吃乾淨，不會殘留在杯底。

> **TIPS** 用吸管吃藥除了是考量方便性外，小朋友如果服用像是鐵劑等，會讓牙齒染色的藥水時，也建議使用吸管。

💡 利用吸管自製真空保鮮袋

如果要讓放在密封袋內的食物，得到更佳的保存效果，在裝好、密封到剩一點點時，留一個小口插入吸管，用嘴把空氣吸出，就有類似真空的效果。

免洗筷

💡 筷子壓一壓　絞肉份量剛剛好

絞肉放入冰箱時，除了記得將肉鋪平，讓收納上更方便外，可以利用筷子在外包裝上壓出每次所需的份量，要用時剝一塊，就不必整個解凍。

🧽 筷子削尖頭　清潔更徹底

如果要清很細小的溝槽或者死角，可以用削鉛筆機把免洗筷削得尖尖的，就可以深入死角，徹底清潔。使用後，免洗筷的尖頭若變鈍，別急著丟掉，再用削鉛筆機削一削，又可以用囉！

💡 鞋底放筷子
保持通風更快乾

下雨天，鞋子淋濕時，我們通常都會在鞋內塞報紙，一來可以吸濕氣，二來可以防鞋子變形。如果要讓受潮的鞋子更快乾，可以在鞋子下面放3、4枝免洗筷，讓鞋子騰空，不要接觸地面。

木炭

💡 土壤加木炭
調整酸鹼值

使用一段時間的木炭，敲碎放入土壤中，可以調整土壤的酸鹼值，做為肥料。

💡 木炭是天然好用的除濕劑

烤肉用的木炭，除了作為燃料，利用木炭的吸濕功效，也能成為天然除濕劑。將木炭用白報紙或者麻將紙包妥後，放在衣櫃或者鞋櫃內，就能有效吸濕，預防發霉。

💡 木炭屑放冰箱　除臭效果佳

木炭可以吸附味道，作為除臭之用。我們可以將零碎的木炭屑置於杯中，放在冰箱內，就能吸附異味。

聰明使用
紙製品
面紙盒&面紙 / 廚房紙巾

 清潔　 生活妙方　 收納　 美化環境

面紙盒&面紙

面紙盒包裝法
郵寄易碎品不怕破

　　要郵寄易碎物品時，因為擔心會破掉，總得層層包裝，非常麻煩。其實把面紙盒從側面打開，把盒內的面紙很整齊的拿出來，把要寄的易碎品夾在面紙中間，然後再放回盒中，就可以有效保護易碎品，而且省去包裝的麻煩。由於面紙本身重量輕，也不會造成郵資的負擔。

面紙墊底部
印章蓋得更清楚

　　蓋印章時，底部若沒有用軟質的東西墊著，蓋出來常常會有模糊不清楚的情形。只要拿2、3張面紙或衛生紙摺一摺墊在其下，或者底下墊一包小包的抽取式面紙，就可以讓印章蓋得很漂亮！蓋完後，還可以用紙順手把印章擦乾淨！

廚房紙巾

 紙巾沾白醋
去除水垢效果佳

　　浴室水龍頭上若有明顯的白色水垢，可以將廚房紙巾用白醋沾濕，並包覆整個水龍頭，放置兩個小時後，再將水龍頭洗淨，就能去除水垢。

　 擦乾水分
讓生菜更清脆爽口

　　炎炎夏日，許多人都喜歡來盤生菜沙拉，清爽好吃！如果要讓生菜葉清脆爽口，記得洗好後，要用廚房紙巾把菜葉上的水分擦乾。

聰明使用
文具

磁鐵&原子筆 / 膠帶&橡皮擦 / 白膠&便利貼 清潔 生活妙方 收納 美化環境

磁鐵 & 原子筆

用一塊磁鐵　輕鬆收納縫針

在針線盒裡放一塊磁鐵，把暫時不用的針一根根「吸」在磁鐵上，就不怕弄丟。

斷水的原子筆　泡熱水重現生機

原子筆不小心掉到地上斷水的話，別扔掉！可以試試看將筆管拆下，泡在熱水中，不一會兒的時間，原本的「斷層」就會合起來，筆就可以繼續使用囉！

BEFORE

AFTER

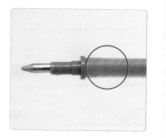

膠帶 & 橡皮擦

水管孔貼膠帶　阻擋蟑螂入侵

蟑螂大多是在夜晚時，沿著排水管從排水孔爬到室內覓食，所以，要防蟑最簡單的方法就是「禁止通行」，不讓蟑螂進來。

利用膠帶把像是陽台地面、洗衣間等較不常使用的水管口封住，讓蟑螂寸步難行。

橡皮擦去除剪刀上的殘膠

剪刀剪過膠帶後，常會有黏黏的膠殘留在刀面，而影響鋒利度。若要去除剪刀上的殘膠，可以用橡皮擦輕輕擦拭。

橡皮擦是書本除污的好幫手

書本翻久了，難免會有手垢殘留，要去除書本上污垢，含水分的清潔劑都不適合。其實只要用橡皮擦擦一擦，就能恢復乾淨。

橡皮擦去除白板筆痕

白板上的字跡，若放太久沒有擦的話，即使用白板擦也很難完全清乾淨！要徹底去除白板上的筆痕，除了用白板清潔劑外，也可以用橡皮擦，效果也很好！此外，若不小心用油性筆畫到白板時，也可以用橡皮擦去除。

記憶卡讀不到資料時 先用橡皮擦擦拭

隨身碟及記憶卡有時會讀不到資料，若有這種情況時，別以為是壞了！有可能只是金屬接頭的髒污造成接觸不良。可以先試著用橡皮擦，擦擦看金屬部分，或許就OK了！

白膠＆便利貼

💡 白膠塗洞口　有效防堵螞蟻

　　螞蟻神出鬼沒，只要一不留意，家裡的地板或者桌面就會看到螞蟻雄兵出來搬食物，讓人困擾不已。下次若發現螞蟻出沒的洞口時，可以在洞口處塗上白膠，讓螞蟻無路可走，就能有效防蟻喔！

💡 作品刷白膠　形成保護膜

　　小朋友的拼貼作品，或者紙張類的勞作，若放久了，常會有沾灰塵或者受潮、黏貼處掉落等受損情形。如果要長期保存紙製的作品時，可以將白膠加少量的水調和後，用水彩筆沾取此白膠水，將表面刷過一遍。乾了之後，作品上就會有一層如同亮光漆般的保護膜，非常漂亮。

💡 便利貼比書籤更好用

　　當書看到一半時，大部分的人都會用書籤做記號，方便下次閱讀。然而有時候書一打開，紙製書籤卡就會掉落，失去記頁數功能；如果用金屬製的夾式書籤，紙張太薄時容易夾破，不是很理想。

　　我發現用便利貼比書籤還更方便！將便利貼黏在已閱讀的書頁上，不僅不會掉落、不傷紙張還可以順便做筆記，一舉三得！

利用發票
聰明掌握冰箱庫存

很多人都有這樣的習慣，菜買回來後，就一股腦兒的往冰箱塞，塞到最後常常忘了有哪些東西，而不小心把食物放到過期、腐壞，非常浪費。如果你是在超市購物的話，可以把發票貼在冰箱，就成了庫存管理表。當東西用完後，就用筆畫掉發票上的商品名稱，就能清楚又輕鬆的掌握庫存情況。

聰明使用
書報雜誌

報紙／雜誌&廣告單

 清潔 生活妙方 收納 美化環境

報紙

抽屜鋪報紙　吸濕又防蟲

　報紙可以吸濕氣，而且所含的油墨還能防蟲，因此在收納衣物時，不妨在箱子或者抽屜底部先鋪上一層報紙，然後再加一層白報紙防油墨，就能讓衣物得到更佳的保護。

報紙包米酒　防曬防變質

　買回來當存放的酒品，可用報紙包裹，以防止室內溫度變化及被陽光照射，讓酒類產生變質。

地面鋪報紙　衣物更快乾

　下雨天家裡又沒有烘衣機，很多人都會把洗好的衣服晾在室內。下回晾衣服時，可以在衣物的下方鋪幾張報紙，因為報紙會吸濕氣，讓衣服更快乾。

> **TIPS** 雨天鞋子受潮，除了可以在鞋內塞報紙外，鞋子下面同樣的也可以鋪幾張報紙，做為吸濕之用。

💡 方便簡單的報紙萬用袋

用報紙加一點摺工，就可以做成萬用袋，厚實又立體的袋身，可以存放蔬果，也可當小型垃圾桶，另外，下雨時把淋濕的鞋子放入報紙袋中，利用報紙吸濕的特性，鞋子會更快乾。

STEP ❶：先將兩張報紙攤開並相疊。摺出中間線後，將報紙向上摺1/4。

STEP ❷：把報紙翻面，摺成三等分。

STEP ❸：把右邊的部分插入左邊缺口處。

STEP ❹：步驟4完成後，再把報紙翻面，並在另一端摺出三角形（如圖）。

STEP ❺：把摺好的三角形插入另一端。

STEP ❻：三角形插入至底，報紙萬用袋就完成了！

💡 用報紙摺成拋棄式
寵物便器

　　有養狗狗的人，出門時都得隨身攜帶衛生紙和塑膠袋，以便清理便便。市面有賣塑膠製的寵物便器，其實只要用報紙就可以摺出好用的拋棄式便器，方便又省錢！

STEP ❶：將整張報紙攤開後對摺成半，並在底端摺出一個三角形。

STEP ❷：將三角形的部分往上摺，但不要摺到報紙邊線（約留5公分）。

STEP ❸：將左半邊的部分往中間線對摺。

STEP ❹：對摺後，壓平。

STEP ❺：右半部也用同樣的方式摺好。

STEP ❻：摺完後就會有如圖的形狀。

STEP ❼：接著將報紙翻面。

STEP ❽：左右兩側往內，摺成1/3。

STEP ❾：再摺成1/3。

STEP ❿：將底部三角的部分往上摺一點，做成底。

STEP ⓫：完成品。

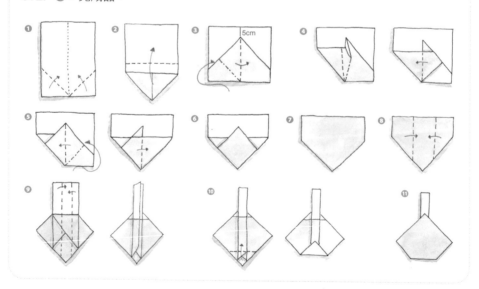

雜誌&廣告單

💡 小垃圾盒的省空間新摺法

很多人都會用廣告單或雜誌內頁，摺桌上用的小型垃圾盒，同樣的這款盒子，我要教大家一個收納時更省空間的新摺法。

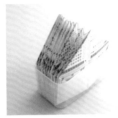 

傳統摺法　　　　　　　新式摺法

STEP ❶：摺出中間線。

STEP ❷：把紙的兩側摺至中間線。

STEP ❸：將紙翻面並向上對摺。

STEP ❹：把左右兩邊分別往下摺成直角並壓平。

STEP ❺：反面之後，另一面再用相同的方法摺好。

STEP ❻：此時摺紙會呈梯形狀，接著把兩側分別朝中間線摺進來，另一面也相同。

STEP ❼：把下半部再往上摺。

STEP ❽：為了防止紙盒打開時兩側會翹起來，可以將兩角內摺至盒身的三角形內。

STEP ❾：完成品。

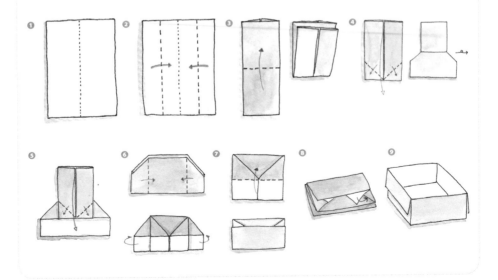

聰明使用
廢棄容器

保鮮膜紙軸＆空盒／牛奶盒／水果網套／
點心空盒＆布丁盒＆洗衣粉盒／飲料空瓶

 清潔　 生活妙方　 收納　 美化環境

保鮮膜紙軸 ＆ 空盒

 保鮮膜紙軸
可收納畢業證書

　畢業證書或者畫作等
紙類物品，常會採用捲
的方式收納。在捲好的
紙張外再套上一層保鮮
膜的紙軸，可以防止不
小心摺到受損，而且固
定性佳會比用橡皮筋綁
或者膠帶黏都佳。

 TIPS 紙軸上可以
註明內容物
名稱，就很
方便好找！

利用保鮮膜空盒 自製開零食工具

保鮮膜用完後,將外盒含刀子那面加工一下,就成了很方便的開零食器。

STEP ❶:將保鮮膜盒含刀面那面剪下。
STEP ❷:把紙板剪成一半。
STEP ❸:把不規則的部分剪掉、修齊。
STEP ❹:將紙板對摺。
STEP ❺:對摺後,如圖剪開(不要剪斷)。
STEP ❻:用雙面膠將背面對摺、黏妥。
STEP ❼:背面再加背膠軟磁鐵,就可以固定
在冰箱門上。
STEP ❽:完成品。

TIPS 背膠軟磁鐵是一種本身含有黏膠,撕開即可使用的軟性磁鐵片,在文具店可以購得。

牛奶盒

💡 蔬果直立站　延長保鮮期

以冷藏保存蔬果時，若能依其在田裡的生長姿態貯存，可以延長保鮮，以紅蘿蔔及葉菜類為例，就適合採用直立式收納。要讓蔬果乖乖「站」好，除了選用市售的直立式蔬果保鮮盒外，將牛奶紙盒剪去上半段，就能直立擺放食材，效果一樣卻不必花錢！

💡 用牛奶盒製造大量冰塊

辦party需要大量的冰塊，家裡卻沒有製冰盒嗎？沒關係！這時候牛奶紙盒又派上用場了。將盒身洗淨後，放入水，並用夾子將開口夾緊，就成了簡易的製冰工具。結冰後，先用槌子將冰敲碎、倒出，大功告成！

💡 調味瓶套牛奶盒
防污保乾淨

　　料理油等瓶瓶罐罐,常會不小心滴下來,弄髒流理台。只要將調味瓶外多加個牛奶紙盒,就能常保乾淨。

水果網套

💡 水果網套鋪盒底
輕鬆保存脆弱的水果

　　保存奇異果、水蜜桃這類脆弱的水果時,用盒子裝會比用塑膠袋直接存放更理想。在放入盒子前,在底部鋪一層水果網套做為保護墊,水果就不怕受傷。

點心空盒&布丁盒&洗衣粉盒

🧴 巧克力禮盒收納飾品
美觀又便利

巧克力禮盒的外包裝都很精美,而且內部有許多小分格設計,用來收納耳環、戒指等飾品,美觀又實用。

💡 用布丁盒自創造型飯糰

小朋友都喜歡新鮮感,用餐時若來個趣味性十足的造型飯糰,絕對能讓他們食指大動!想要自製充滿造型感的飯糰,不一定要用市售模子,在布丁盒的底部先撒一層香鬆,接著再將白飯放入盒內,用力壓緊,然後倒扣在餐盤上,花朵造型的飯糰就誕生囉!

🧴 洗衣粉盒加點工
變成獨一無二的CD盒

洗衣粉的紙盒尺寸大小,剛好可以擺放CD片,再加上紙質很堅固耐用,只要加工美化一下,就成了獨一無二的CD盒。

飲料空瓶

💡 用礦泉水瓶
自製便利澆花器

出外旅行沒辦法澆花，怎麼辦？只要利用礦泉水瓶就可以自製簡單的澆花器。在容器內裝滿水，接著將瓶口直接倒插在土壤，瓶中的水就會慢慢滲入土中，讓植栽保持濕度，不枯萎。

💡 利用溫水
輕鬆壓扁空瓶

有些飲料空瓶的材質較厚，很難壓扁回收。若遇到這種情形時，可以在瓶內先加些溫水。放置一下後將水倒掉，瓶身會變軟。接著用手輕輕一壓，瓶子就會變扁平不占空間！

📋 礦泉水瓶裝紅豆
收納省空間

開封後的紅豆、綠豆等袋裝食品，若改用礦泉水罐盛裝的話，除了保鮮效果會更好外，還能一瓶瓶站立，收納上會較省空間。

III
廚房用品
的創意用途

聰明使用
調理用具

塑膠袋 / 鋁箔紙 / 烘焙紙

  清潔　 生活妙方　 收納　 美化環境

塑膠袋

手套塑膠袋
清潔排水口不沾手

　　清理積在排水口的頭髮時，可以在手上套一個塑膠袋，用套了塑膠袋的手抓起毛髮後，把塑膠袋反過來、綁緊，手完全不會弄髒。

塑膠袋戳小洞
水果保鮮會更佳

　　水果若要冷藏保存，在買回來後，只需用塑膠袋包好放入冰箱即可，不必先清洗，但要注意的是，裝水果的塑膠袋最好用剪刀剪幾個小洞，這樣能防止水氣聚積，避免病菌滋生，保鮮度會更佳。

塑膠袋吹氣法
讓調味料更容易混合

　　當我們在做料理時，常會將各種調味料或者粉類放在一個塑膠袋內混合。下回將各種食材放入塑膠袋後，可以先對著袋內吹一口氣，讓袋子變飽滿，接著再握緊或者綁緊袋口，就可以讓袋內的材料混合更均勻。

💡 利用膠帶　快速找到保鮮膜開口

　　使用保鮮膜，有時會有找不到開口的情況。遇到這種情況時，可以取一小段的膠帶，輕輕地接觸保鮮膜，再往上一拉，開口就出現了！

💡 塑膠袋新式打結法　牢固又易開

　　買菜購物時，我們常會將塑膠袋的手把打個結，方便提也防止東西不小心掉落。下回大家可以試試以下的方法，和打結的效果類似，但不僅更牢固，而且很容易解開；此外，用完後袋子也不會變得縐縐難收拾。

STEP ❶：將右手如圖穿過提把，左手相同。
STEP ❷：右手抓住左邊的提把，左手要同時抓住右邊的提把。
STEP ❸：兩手同時往外拉，完成！

💡 利用塑膠袋
輕鬆備好料理食材

　忙碌的主婦若能利用空檔將食材、配料先準備好，料理工作就能輕鬆許多。取一個大一點的透明塑膠袋，依照每道菜所需材料，將處理好的食材，一一放入同一個袋子中，並且在每樣材料中間用橡皮筋或者密封夾隔開。如此一來，要做每道菜時，只需將所屬的袋子拿出、剪開，就可以很方便又快速的完成料理。

> **TIPS** 因為每樣食材下鍋的時間不同，所以在裝袋時，建議用密封夾隔開。

鋁箔紙

💡 包上鋁箔紙　烤餐包不怕焦

　烤圓形的餐包時，表面很容易焦掉。如果先用鋁箔紙將餐包包好再烤，就能均勻受熱，表面也不易焦。

💡 鋪個鋁箔紙　燙衣服快又省電

　想讓衣服燙得快又省電，就請鋁箔紙幫忙吧！在燙衣墊的下方鋪個鋁箔紙，由於鋁箔紙會導熱，等於是讓衣物兩面受熱，這樣一來，衣服更容易燙平而且燙起來更快、更省電。

💡 利用平底鍋和鋁箔紙
快速解凍食物

想要快速解凍食物，可以在平底鍋內先鋪上鋁箔紙（不必開火），再把食物置於其上，因為金屬材質的鍋具可以加速解凍，再加上鋁箔的熱傳導效率佳，能讓解凍速度更提升。

💡 鋁箔紙剪一剪　剪刀變鋒利

當剪刀用一陣子，變得不利時，別急著丟掉！撕一張鋁箔紙，將它對摺兩次增加厚度，接著拿剪刀在鋁箔紙上剪一剪，變鈍的剪刀就能恢復原本的鋒利。

💡 鋁箔紙搓一搓
讓生鏽的針恢復光澤

縫紉用的針，放久常會有生鏽的情況。生鏽的針，只要用鋁箔紙來回搓一搓，就會恢復光澤。另外，在收納不用的針時，也可以用鋁箔紙包好，就不易生鏽。

💡 鋁箔紙是食材去皮的利器

薑如果不要削皮，只想去除表面薄薄一層，可以用揉成團的鋁箔紙刮除，另外像是牛蒡、蓮藕、馬鈴薯等食材，也可用此方法去皮。

💡 牆面貼鋁箔紙　方便清潔好省事

炒菜時，爐台四周的牆面常會有油煙附著，增加清潔的麻煩。如果想要防油污的話，可以在牆面沾點水，就能將鋁箔紙很平整的貼在牆上。多了一層鋁箔保護，髒了就撕下更新，非常省事！

💡 鋁箔紙包銀器　有效防氧化

銀製的餐具或器皿，最怕放久了會氧化。若長時間不用的銀製品，不妨用鋁箔紙包好收納，就可以有效防止氧化。

💡 土壤上鋪鋁箔紙　有效驅蟲

菜園裡的蔬果若常遭蟲害，但又不想使用農藥的話，可以將鋁箔紙鋪在植物的土壤上，就有驅蟲功效。因為陽光照射在鋁箔紙所產生的反射光，會干擾昆蟲，讓牠無法靠近。

> **TIPS**　如果是果樹的話，則可以將剪成條狀的鋁箔紙綁在樹枝上，也可以防蟲。

📖 濾網加鋁箔球　保持乾淨不易髒

洗碗槽下的濾杯，因為有洞孔再加上餐盤的油污等因素，很容易藏污納垢。要保持濾杯乾淨，常清理當然是最佳方法。如果想要更輕鬆清潔的話，可以將鋁箔紙揉成小圓球，放在濾杯內，當水流時，鋁箔球就會和濾杯衝撞產生金屬離子，不但可以除臭還可以去除油污，保持乾淨。

鋁箔紙揉成球
刷鍋子方便又乾淨

去除鍋底的焦垢或者烤盤上的重油垢，去污力強的鋼絲刷球是很好用且方便的選擇。然而若家裡正好沒有鋼刷的話，可以用鋁箔紙來代替。將鋁箔紙揉成圓球，就可以用來去除鍋具上的重垢，效果也很不錯！

> **TIPS** 這個方法不適用於不沾鍋這類易刮傷的鍋具。

鋁箔紙讓鍋內食物更保鮮

鍋裡食物若有剩，想直接放入冰箱，有時會因為鍋蓋太高無法擺放。若用保鮮膜包，金屬鍋具常會有不易黏牢的問題。可以試試用鋁箔紙代替鍋蓋，保鮮效果不錯。

鋁箔紙包奶油可保新鮮

一整塊的奶油在拆封使用後，若用鋁紙包裹並冷藏存放，可以隔絕氧氣，避免產生硬掉、發霉等變質情形。

烘培紙

🔆 烘焙紙當描圖紙
讓小朋友輕鬆習字

當孩子在練習寫字時，總要經歷模仿大人字跡的階段。如果小朋友寫不好時，不妨試試用烘焙紙當描圖紙。將烘焙紙墊在字跡上，孩子就可以依字形描寫練習。

🔆 鋪張烘焙紙
玩黏土不怕弄髒桌面

小朋友玩黏土時，有時會沾黏在桌面造成清理上的麻煩。在動手做之前，先在桌上鋪張烘焙紙，就能防止桌面弄髒，方便好清潔！

🔆 讓蛋糕不沾模的超神奇方法

做杯子蛋糕時，即使在杯緣先塗上一層奶油，烤好取出時，還是會有麵糊沾黏在杯身的情形。

下回試試在塗好奶油後，將烘焙紙剪成2公分寬的長條，以呈十字的方式，放在每個蛋糕模內。烤好後只要輕拉烘焙紙，就能非常輕鬆完整的將蛋糕取出。

聰明使用
廚房清潔用品

橡膠手套 / 垃圾袋 / 海綿＆菜瓜布 / 水槽濾網

 清潔　 生活妙方　 收納　 美化環境

橡膠手套

💡 利用橡膠手套　輕鬆開啓罐頭

　　罐頭的蓋子又緊又難開，想要輕鬆開啓，只要戴上洗碗手套，利用手套本身的防滑及摩擦力，不必費力就可以打開了！

💡 破掉的洗碗手套　變身實用的手指防滑套

　　橡膠手套用一陣子後，常會從指頭的部分破掉而造成進水不能用。在丟掉橡膠手套前，可以將指頭的部分剪下，就成了手指的防滑套。其功效就類似市售的手指套，不論翻閱書報雜誌、數鈔票、整理文件資料或者挑菜葉時，都可使用。

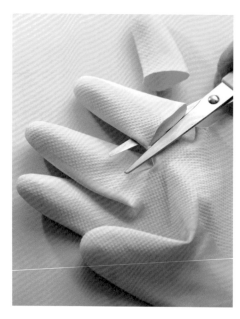

將手套末端反摺　清潔劑不亂滴

　　戴橡膠手套做家事時，一不小心水或者清潔劑就會流到袖子裡，很不舒服！下回在戴手套時，可以把末端稍微反摺，就能避免濕濕的水，直接流到手臂上或者袖子裡。

沖沖水　輕鬆取下洗碗手套

　　做完家事後，發現洗碗手套很難拔下來嗎？沒關係！只要對著手套內部，用冷水沖一沖，就能輕鬆取下。

> **TIPS**　手汗及濕氣都會讓手套不易脫掉，所以沖沖水，不僅可以快速取下，也順便洗淨手套，接下來只要夾起來晾乾即可再用！

垃圾袋

套兩層垃圾袋　收垃圾更乾淨省事

　　通常我們在裝垃圾袋，只會套一個袋子，下回大家不妨試試在垃圾桶裡裝兩層垃圾袋。這樣做的目的，一來若垃圾袋不小心破裂時，污水會流到第二層袋子，不會弄髒垃圾桶；二來若趕時間的話，垃圾袋綁好取出，下面就有一個裝好的備用垃圾袋，隨時待命很省事！

海綿&菜瓜布

神奇海綿切薄片 方便好用又省錢

市售的神奇海綿通常都是一大塊，買回來後，大家都會把它裁成較小塊，方便使用。在裁成小塊後，不妨試試，把海綿先割成一層層的薄片（底部不要切斷）。若要擦拭像是桌上的局部污漬或者水龍頭等小地方時，只要撕一片起來用即可，方便又不浪費！

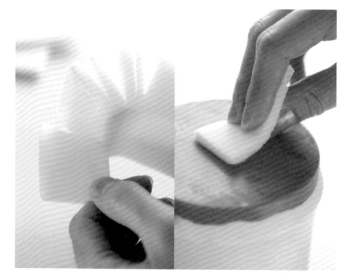

神奇海綿　輕鬆去除浴缸上的皂垢

天氣一冷，大家都想泡澡，但泡澡後浴缸沒有清乾淨，過沒多久，就會有皂垢、人體皮屑等污垢殘留。要清除這些污垢，其實並不難，只要用神奇清潔海綿沾水，輕輕擦拭，就能將污垢去除，不必用到清潔劑，也不會刮傷表面，好用又安全。

神奇海綿

市售的神奇海綿名稱非常多，舉凡「妙用擦」「高密度清潔海綿」「德國海綿」「魔術擦」等皆有，然而其外觀大同小異，多為白色海綿狀。

使用方法很簡單，只要沾少量的水，就可以將物品表面的污垢去除，而且使用後海綿會越變越小，逐漸消耗掉。

神奇海綿對於杯子的茶垢、把手上的油垢或者桌面的髒污等，有很好的清潔效果，但使用時要注意，神奇海綿不適用於塗有油漆、烤漆或者亮光表面的物體。

菜瓜布是去除衣物毛球的好幫手

　　想要去除衣服上的棉絮或者毛衣的毛球，隨手可得的菜瓜布，是很好用的小幫手喔！利用菜瓜布的粗面，以同方向的方式，將衣物表面的毛球輕輕帶起，就能讓毛衣恢復原有的平順亮澤。

洗碗海綿加點工
清潔窗軌真便利

　　在清潔窗戶軌道時，我們通常會先用吸塵器除塵，再用抹布把軌道的溝縫一條條擦乾淨。如果想要更快速的擦拭窗戶軌道，可以將洗碗海綿，依照軌道的數量用刀片割成一條條的橫條（底部不要割斷）。只要一口氣就可以擦拭所有的窗軌，省事又快速！

水槽濾網

💡 水槽濾網裝大蒜　保存久且不易發芽

　　大蒜買回來後，許多人都習慣放在冰箱裡保存。其實冰箱中的濕度及水氣，反而容易讓大蒜發芽。若要讓大蒜存放更久，保持通風乾燥才是正確的方法。建議大家可以將大蒜放在水槽濾網內，並吊掛在通風處，大蒜就可以放更久，而且不易發芽。

💡 水槽濾網除秋葵細毛　好用又不傷表面

　　秋葵表面都會有細毛，食用時會影響口感。將水槽濾網套在手掌中，輕刷秋葵即可去除細毛，而且不易刮傷表面，方便又好用。

💡 用水槽濾網自製洗臉專用起泡網

　　市面上有販售所謂的「起泡網」，強調可以讓洗面乳產生大量且柔密的泡泡，清潔效果更佳。其實利用水槽濾網也可以做出非常類似的效果，方法如下：

STEP ❶：將水槽濾網的底部剪掉。
STEP ❷：把濾網往內捲起來。
STEP ❸：捲好後再拉開，繞成8字型。
STEP ❹：將8的左右兩個圈圈相疊。
STEP ❺：將繩子穿過圈圈並綁緊。
STEP ❻：完成了！

聰明使用
料理工具

網籃&飯杓 / 保鮮盒&削皮器 / 鍋蓋架

 清潔 生活妙方 收納 美化環境

網籃&飯杓

利用網籃　聰明烘乾小餐具

　　小酒杯等小巧易碎的餐具,洗淨後若要放入烘碗機烘乾,因為體積小,不僅很難擺放而且容易打破。

　　要烘乾這些易碎的小餐具時,可以利用洗水果的網籃來幫忙!將這些小餐具放在籃子中再放入烘碗機,因為籃子本身有網洞,快乾又安全。

> TIPS　除了烘乾,若要將這些小餐具放入洗碗機洗滌時,也可以用同樣的方法。

用飯杓鋪床單　平整又省力

　　鋪床單時,常會有鋪不平整的情形。想讓床單鋪得快又漂亮,添飯的飯杓是好用的工具!利用飯杓代替手掌的力道,可以很輕鬆又平整的將床單塞入床墊下,完成鋪床的工作。

保鮮盒 & 削皮器

💡 用保鮮盒做果凍 衛生又新鮮

　　做果凍時，大部分的人都會選用小杯子或者吃完留下的布丁杯做容器，其實用小的保鮮盒做果凍，會更理想。因為保鮮盒本身有蓋子，衛生及保鮮性佳，如果沒吃完，還可以蓋起來，再放回冰箱。

💡 水果削皮器 快速削出高麗菜絲

　　若需要大量的高麗菜絲時，可以試試用削水果皮的削皮器削會比較快。只要將高麗菜切對半，接著一手握緊高麗菜，另一手用削皮器削，就可以了！

鍋蓋架

🗄 鍋蓋架變身好用的衣物收納架

　　鍋蓋架可以變身很好用的衣物收納架喔！將鍋蓋架掛在牆上或者衣櫃門板內側，把摺好的披肩，或者捲好的毛衣、T恤直接放在架上，收納就完成了！

聰明使用
廚房小物

橡皮筋 / 吸盤&止滑墊

 清潔　 生活妙方　 收納　 美化環境

橡皮筋

💡 香皂盒加橡皮筋　讓香皂更耐用

　　在香皂盒上加2～3條橡皮筋，讓香皂騰空擺放，保持乾燥，就能延長使用壽命。

💡 橡皮筋讓相框裡的照片不滑動

　　將相片放入相框時，可以在相片的背面先加個橡皮筋，再扣上背板，照片就不會滑動。

💡 雞蛋下放橡皮筋　乖乖定位不會破

　　放在流理台上準備要用的雞蛋，常會滾啊滾，一不小心就掉到地上破掉了！只要在雞蛋的下方放條橡皮筋，雞蛋就會乖乖定位，不亂跑。

💡 瓶身套橡皮筋　洗潤髮精不搞錯

　　同系列的洗髮精和潤絲精，有時外觀會很雷同，洗頭時若沒有仔細看，會不小心拿錯。如果怕搞混，可以在洗髮精的瓶身套幾條橡皮筋，做為分辨之用。

吸盤&止滑墊

利用吸盤　自製簡易把手

　　沒有把手或者把手掉了的門板，在開啟時總是很不方便。其實只要把吸盤固定在門板上，就成了方便使用的把手。

老舊吸盤泡熱水就能恢復吸力

　　吸盤用久之後，因為塑膠老化或變形，會讓附著力下降，稍微一放重物，吸盤就會掉下來。若遇到這種情形時，可以把吸盤泡在約80℃的熱水約5分鐘，藉由熱度來調整形狀，就能讓吸盤變得更好用！

拖盤加止滑墊　端取食物更安全

　　用拖盤端東西時，常會擔心拿不穩而打翻。只要剪一塊和拖盤大小相仿的止滑墊，墊在裡面，就能很安全又安穩的端取食物。

IV
個人用品
的創意用途

聰明使用　美髮用品
【潤絲精＆洗髮精／髮膠＆浴帽】

聰明使用　口腔清潔、修容用品
【假牙清潔錠／牙膏／牙刷／牙籤＆牙線】

聰明使用　沐浴用品
【香皂／沐浴巾＆毛巾】

聰明使用　衛生保健用品
【透氣膠帶＆OK繃＆紗布】

聰明使用　美妝品
【化妝水＆乳液／嬰兒油＆護唇膏／凡士林＆卸妝油／去光水＆指甲油／絲襪】

聰明使用
美髮用品

潤絲精＆洗髮精／髮膠＆浴帽

 清潔 生活妙方 收納 美化環境

潤絲精＆洗髮精

 水加潤絲精
擦拭物品清潔又防塵

在水中加些潤絲精，用抹布沾加了潤絲的水，擰乾後擦拭電器等物品表面，具有防塵效果。

 用潤絲精去除梳子上
的殘留髮膠

很多女生都會使用髮膠等定型產品，結果時間一久，梳子上都黏了一層厚厚的髮膠，相當不衛生。

要去除梳子上殘留的美髮用品，可以先把梳子泡在加了潤絲精的水中，這樣就能軟化並去除髮膠，接著再用洗髮精將梳子洗淨即可。

TIPS 婚宴、派對等特殊場合時，為了造型常會使用大量的髮膠，把頭髮弄得又黏又硬。遇到這種情況，在洗頭髮時，可先用潤絲精洗一遍，接著才依照一般洗髮方式用洗髮精清洗，就能輕鬆洗淨造型品。

個人用品的創意用途　085

🧽 洗髮精是清洗梳子的好幫手

　　清潔梳子時，可以將梳子泡在加了洗髮精的水中，因為洗髮精的成分對於去除梳子上殘留的頭髮油垢及頭皮髒污，非常有效。

💡 冰塊和潤絲精　去除頭髮上的口香糖

　　如果口香糖不小心黏到頭髮的話，別硬拔！首先在黏到處用冰塊「冰敷」一下頭髮，讓口香糖變硬，就會較容易剝落。如果還有殘留的話，則用潤絲精塗在口香糖和頭髮處，並用紙巾稍微包起來，這樣一來就能去除！

🧽 用洗髮精洗枕頭套　清潔力滿分

　　過期的洗髮精，如果沒有變質、變色或者變味的話，可以用來洗枕頭套，效果很好！因為枕頭套上的髒污是頭皮油垢所造成，洗髮精的成分剛好可以清潔這類污垢。

髮膠 & 浴帽

🧽 利用髮膠　對付衣服上的原子筆痕

　　衣服畫到原子筆時，只要在畫到處，用酒精或者去光水輕擦，就可以將原子筆痕去除。如果正好沒有這兩樣工具的話，沒有關係！女生們最愛用的造型品～髮膠，也是去除原子筆痕的利器。因為大部分的髮膠皆含有酒精成分，所以只要在到畫到的地方噴一點髮膠，接著再依一般洗衣程序清洗，原子筆痕就會被去除。

BEFORE

AFTER

🖌️ 用髮膠去除桌上的油性筆痕

桌上如果不小心畫到原子筆或者油性筆時，髮膠又可以派上用場囉！只要對著污漬處噴一點點的髮膠，再用紙擦一下，就會變得乾乾淨淨！除了筆痕外，指甲油不小心滴在桌面，也可以用此方法去除。

💡 噴點髮膠　穿針變得超級容易

穿針時，常常因為洞太小或者線太粗，穿了老半天就是對不準、穿不過去！下次在穿針時，可以先在線的尾端噴一點點的髮膠，並用手把線揉捲成細條狀。經過了髮膠的加工，能讓線的尾端細長無分叉，而且能增加硬度，穿針引線會變得很容易。

💡 用浴帽代替保鮮膜　好用又環保

發酵麵包、饅頭的麵糰時，我會用乾淨的浴帽代替保鮮膜，來包覆容器防止麵糰乾掉。因為浴帽本身有鬆緊帶，比起保鮮膜，會包得更緊；而且浴帽可以重覆使用，比較環保。

💡 絕不失敗的浴帽挑染法

想要自己挑染頭髮嗎？其實不難喔！先戴上浴帽，在想挑染處的浴帽上剪個洞，用長柄梳子的尖頭把頭髮勾出並染色，就能輕鬆做出挑染的效果而且不會沾到其他頭髮。

聰明使用
口腔清潔、修容用品

假牙清潔錠 / 牙膏 / 牙刷 /
牙籤＆牙線

 清潔 生活妙方 收納  美化環境

假牙清潔錠

 **假牙清潔錠
讓馬桶變得白帥帥**

　　不小心放到過期的假牙清潔錠，別急著丟到垃圾桶。睡覺前將假牙清潔錠丟入馬桶，隔天起來，就會發現馬桶變得白帥帥喔！

 **利用假牙清潔錠
搶救泛黃的衣物**

　　衣服穿久了，常會有泛黃的情形。若要讓泛黃的衣物恢復往日的潔白，假牙清潔錠是簡單好用的秘密武器。在臉盆中加入八分滿的水，並放入2～3顆的假牙清潔錠，將衣服放入浸泡數小時即可。

 浸泡的時間長短，可依變黃的嚴重性做增減，一般來說約要3小時，才會看出成效。

牙膏

🪥 牙膏刷一刷　杯子茶垢立刻除

要去除馬克杯內的茶垢，只要用牙膏就能搞定。海綿沾點牙膏，就能將茶垢清乾淨。

💡 讓牙膏徹底用完的不浪費妙方

洗面乳、牙膏等軟管包裝的用品，若用到剩一些時，只要利用以下方法，就可以再擠出更多，一點都不浪費。

BEFORE：原本擠到乾扁的牙膏。

STEP ❶：用吸管對管子內吹滿空氣。

STEP ❷：蓋上蓋子，甩 一甩。

AFTER：輕輕鬆鬆又擠出更多牙膏。

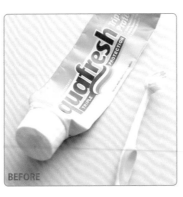

牙刷

💡 牙刷清一清 印章蓋起來清楚不糊模

印章用一陣子後，因為印泥殘留在字體間，蓋起來會有模糊不清的情形。這個時候只需用舊牙刷，把印泥刷掉即可。

🧽 電動牙刷是清潔磁磚縫的利器

不用的電動牙刷刷頭，可以成為電動清潔工具，用來刷洗磁磚縫，速度快又省力，非常好用。

牙籤 & 牙線

💡 刀面黏牙籤　切菜更俐落

切菜時，切下來的食物常會「黏」在刀面上，邊切還得邊把食物剝下來，很麻煩！其實只要在刀面上用膠帶黏個牙籤，讓刀面和食材間有個空隙，切下的食物就會自動掉落在砧板上。

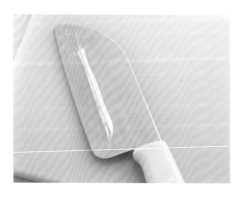

利用牙籤去除卡在梳子間的髮絲

梳子的縫細間常常會卡滿髮絲，很難清乾淨。如果想要徹底清除，可以利用牙籤來幫忙！因為細小的牙籤可以深入每個梳毛的細縫，把卡住的髮絲一條條「勾」出來！

清潔精細飾品　靠牙線幫忙

清潔戒指等飾品時，可以利用牙線棒深入細縫，就能髒污清除，清潔效果佳又不易弄傷飾品。

縫釦子時　利用牙籤預留線腳

縫釦子時，考量衣物布料有厚度，都會留所謂的「線腳」（布料和釦子間的距離），這樣釦起來才不會因太緊而拉扯到衣料，而且也較容易穿脫。

在縫釦子時可以在鈕釦和衣料間先放枝牙籤，預留線腳的部分，縫好後再將牙籤取出，就不怕縫太緊。

刮鬍膏抹鏡子
常保光亮不起霧

將浴室的鏡子擦乾，將刮鬍膏擠在鏡子上，再用乾布將刮鬍膏塗抹均勻並擦亮，就能在鏡子上形成保護膜。經過這樣的處理，鏡子能常保光亮，而且較不易起霧。

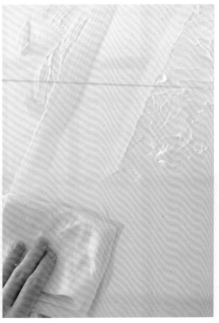

聰明使用
沐浴用品

香皂／沐浴巾＆毛巾

 清潔　生活妙方　收納　美化環境

香皂

指甲縫髒污的刮刮樂去污法

從事園藝活動是件快樂的事，但泥土及植物的汁液，常會卡在指甲縫，非常難洗！

過去大家最常用的方法，就是用刷子反覆不斷刷，費事而且效果不佳。其實只要將手指在香皂上用力「刮」一下，再把卡在指甲縫的香皂沖乾淨，污垢也會一起被洗淨，非常神奇！

用藥皂洗粉撲　比用香皂更好

化妝用的粉撲及海綿，要時常清潔以免藏污納垢。一般在清洗時，都會使用香皂來洗滌，若要用皂類來清潔的話，藥皂會比香皂更好喔！因為藥皂本身具殺菌效果，能讓海綿在洗淨之餘還能消毒抗菌。

用香皂自製高雅別緻的香氛袋

很多人都會將香皂放在衣櫃或者抽屜內，當作芳香包使用；但放一陣子後，香皂的味道會慢慢變淡。此時可以將香皂取出，刨成絲並用網袋裝好，就成了別緻的香氛袋。

> **TIPS** 裝香皂絲的網袋，可以在文具店購得。另外，可以將婚禮時裝喜糖的小袋子留下，也很好用。

沐浴巾 & 毛巾

💡 **用洗澡沐浴巾**
自製可愛又好用的洗碗球

相較於市售的菜瓜布,用於肌膚洗淨的沐浴巾,材質較細緻,而且還有溫和的磨擦去角質功效,用來清洗碗盤,質感佳又不易刮傷餐具。我們可以利用市售的沐浴巾,自製可愛的洗碗球,方法如下:

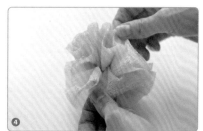

STEP ❶:用剪刀將沐浴巾裁剪成三片25×
　　　　　 10公分的長方形,並重疊擺放。

STEP ❷:將這三片相疊的沐浴巾,一起摺
　　　　　 成扇子的形狀(每個摺子約為1公分)。

STEP ❸:從正中央的部分,用橡皮筋綁好固定,如同蝴蝶結的形狀。

STEP ❹:再將步驟3的蝴蝶結拉開,使其成球狀。

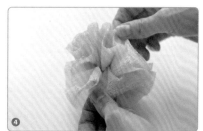

💡 包上毛巾加冷凍
汽水立刻透心涼

天氣好熱，想要來罐清涼的汽水消暑一下，但卻發現家中的汽水忘了冰，真掃興！沒關係，只要將毛巾沾濕包住罐裝飲料，然後放入冷凍庫冷凍約5分鐘，汽水就會變得冰冰涼涼，喝起來暢快無比！

💡 用毛巾保護
毛衣脫水快乾不變形

手洗的毛衣，要放入洗衣機快速脫水（約30秒）再晾乾，才不易變形。毛衣脫水時，可以先用乾毛巾包好再放入洗衣袋。一來可以保護毛衣避免拉扯，二來利用毛巾的吸水力，能讓脫水效果更佳。

💡 又香又溫暖的紅豆熱敷袋

利用毛巾和紅豆，就可以做出保溫效果佳又有香味的熱敷袋喔！將毛巾的長邊對摺做成袋子狀，並將三邊縫好。接著放入八分滿的紅豆，再把開口處縫合，就成了熱敷袋。使用上只需將熱敷袋放入微波爐中，用一般火力加熱約一分鐘即可使用。

🧽 利用毛巾　徹底去除洗衣槽內髒污

　　用市售的洗衣槽專用去污劑，可以去除洗衣槽四周的髒污，效果很不錯！然而用過的人很多都有類似的經驗，就是清潔完畢後，洗衣槽內一直有黑色的片狀髒污跑出來，洗衣時就會沾在衣料上，非常恐怖！

　　建議下次用完洗衣槽去污劑後，可以在洗衣槽內放一條沒有在用或者不要的毛巾，並以一般洗衣程序洗滌一回做測試。如果洗完後，有髒污附著在毛巾上，則再用同樣的方法多洗幾回，直到乾淨。

💡 利用毛巾　讓衣服常保乾爽

　　小朋友在運動時，常會有汗流浹背的情形。若不想讓衣服變得濕濕黏黏不舒服，可以在背部和衣服間放一條薄毛巾，作為吸汗之用。

　　出門時家長只要準備一些薄毛巾，隨時更換即可，再也不必帶許多件替換衣物。

💡 包包塞毛巾　防潮防變形

　　收納皮包時，除了要讓每個包包保持間隔維持良好通風外，在包包的內部可以塞不用的白毛巾或者白報紙，這樣可以防止皮包變形，還能吸濕，讓皮件得到較佳的保護。

💡 牛仔褲的快速烘乾法

　　烘牛仔褲這類不容易乾的衣物時，可以放入一條乾毛巾一起烘，就可以快速烘乾，縮短所需的時間。

聰明使用
衛生保健用品

透氣膠帶&OK繃&紗布

 清潔　 生活妙方　 收納　 美化環境

透氣膠帶&OK繃&紗布

貼上透氣膠帶　讓帽子不易髒

　帽子和額頭接觸的地方，很容易因為汗水或者臉上的粉而弄髒。如果要讓帽子常保乾淨，可以在接觸額頭的那一圈黏上通氣膠帶，髒了就撕掉，方便好整理。

塗點嬰兒油　更容易撕除OK繃

　撕除透氣膠帶或者OK繃時，若有不容易撕下或者殘膠的情況時，可以塗一點點的嬰兒油，就可以解決！

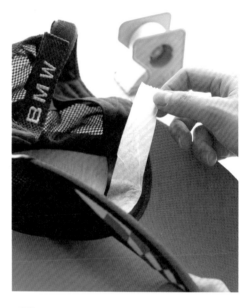

保鮮盒上貼膠帶　聰明掌握內容物

　利用密封保鮮盒來存放食物，能夠延長保鮮期，然而用盒子裝有一個小麻煩，就是常常會忘記內容物，反而放到過期！

　在保存食物時，可以用透氣膠帶書寫內容物名稱並貼在盒蓋上，這樣一來放了些什麼都可以清楚掌握不怕忘。使用透氣膠帶的好處就是，方便書寫而且容易撕除，不像標籤紙撕下時會有殘膠的問題。

💡 讓OK繃黏牢不易掉的方法

　　貼在手指上的OK繃，因為指頭常常活動，很容易就有黏不牢鬆開的情況。下回貼OK繃時可以試試這個方法，就能很牢固不易脫落。

STEP ❶：先將OK繃兩側由中間剪開。

STEP ❷：把剪好的OK繃置於消毒過的傷口處，並將左上方及右上方的黏條，呈打Ｘ的方式，分別往下黏。（左上的黏條往右下黏、右上的往左下黏）

STEP ❸：接著再把剩下的兩個黏條，用一般的方式平行黏。

❶

❷

❸

💡 梳子上套紗布　髒了就換乾淨又方便

　　頭髮及皮脂污垢很容易卡在梳子上，非常難清除。若要常保乾淨，可以將紗布剪成跟梳子一樣的大小，然後仔細的穿過髮梳並套好。等到髒的時候，只需將紗布整片取下更新，減少清潔的麻煩。

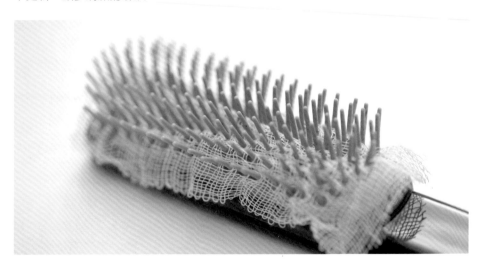

聰明使用
美妝品

化妝水＆乳液／嬰兒油＆護唇膏／

凡士林＆卸妝油／去光水＆指甲油／絲襪

 清潔　 生活妙方　 收納　 美化環境

化妝水＆乳液

利用化妝水　拯救乾掉的睫毛膏

睫毛膏若有點乾掉的話，可以加兩滴化妝水，就能讓睫
毛膏再復活。

保養時順手用化妝水擦拭桌面

洗完臉後，女生都會用化妝棉沾點化妝水，輕拍臉部；
用過的化妝棉別急著丟，因為化妝水中多含有酒精成分，
可以順手擦一下桌面或者話機，具清潔功效！

利用乳液　輕鬆去除殘膠

撕除商品上的價格或者貼紙標籤時，常會有黏黏的殘膠，不容易擦乾淨。其實只要
在殘膠處塗一點乳液或者護手霜，並靜置個5~10分鐘，殘膠的部分就會軟化，很容易
就能去除，不留痕跡。

BEFORE

AFTER

💡 染髮前先在髮際擦點乳液　預防沾到肌膚

染頭髮時，染髮劑常會不小心沾到皮膚，很難去除。染之前，在耳朵、髮際以及頸部皮膚塗抹面霜或者乳液，若不小心染到，就能很容易的擦掉。

嬰兒油 & 護唇膏

💡 戒指拔不下來時
　塗點護唇膏就能搞定

戒指太緊拔不下來時，可以在手指上塗一點點護唇膏，就可以輕鬆拔下。

💡 泡澡水加嬰兒油　肌膚滑嫩不乾燥

泡完澡後身體肌膚容易乾燥，如果想要避免乾燥，可以在泡澡水裡加幾滴嬰兒油，這樣身體就能很平均的吸收到油脂，不會乾燥。然而洗好澡後，別忘了把浴缸刷洗一下，不然殘留的嬰兒油會讓浴缸變得油膩不乾淨喔！

凡士林 & 卸妝油

💡 用凡士林自製香膏

希望身上帶點香味，但又怕香水直接噴在肌膚上，味道會太濃，不知該如何是好，這種時候，凡士林派上用場了！

用乾淨的小湯匙挖出適量的凡士林，並將香水滴在其上混合均勻。將加了香水的凡士林塗抹在手腕內側、後頸部等處，就能讓你散發淡雅高貴的香氣。

💡 凡士林加口紅　自製有唇蜜效果的護唇膏

　　凡士林具有良好的滋潤性，常用於擦拭乾裂的肌膚，其實當護唇膏使用，效果也很好！在使用上，除了可以直接擦嘴唇外，也可以取適量的凡士林及一點點唇膏，稍微調勻，就成了具有淡淡色彩、質感近似唇蜜的護唇膏。

💡 凡士林塗表面　金屬物品不易生鏽

　　凡士林的防水性佳，還能隔絕空氣，所以家中的金屬製品，若怕生鏽的話，可以塗上薄薄的一層凡士林，讓表面形成保護膜，就能防止生鏽。

用卸妝油輕鬆去除
衣服上的口紅印

衣服若不小心沾到口紅時，可以在沾到的地方滴少許的卸妝油，並稍微搓洗一下，接著再依一般洗衣程序洗滌，就能輕輕鬆鬆將衣物上的口紅去除。

去光水＆指甲油

筆頭沾去光水
讓乾掉的奇異筆恢復生機

如果奇異筆用完後，因為忘了蓋起來而乾掉的話，可以將筆頭沾點去光水，就能恢復顏色，繼續使用。

塗點指甲油　衣物鈕釦不易掉

衣服上的鈕釦若縫得不牢，很容易會有掉落的情形，對於不擅長針線的人來說，要縫釦子實在很傷腦筋。

如果怕縫線斷掉的話，可以在縫線上塗一點點的指甲油增加韌度，釦子就不易脫落。

指甲油可以代替去光水

指甲油有點脫落，想要擦掉卻發現家裡正好沒有去光水了，怎麼辦？

遇到這種情形，只要拿出指甲油在指甲上再塗一次，趁著塗上去的指甲油未乾時，用化妝棉擦掉，就可以去除。

絲襪

💡 絲襪放冰箱　增加耐穿度

　　女性都有類似的經驗，新買的絲襪沒穿幾次就破了，真讓人心疼！若要讓絲襪更耐穿，在新買回來時，先不要拆封，直接放入冷凍庫至少一天，取出後放置一天再穿，這樣做可以增加絲襪的韌度，減少破掉或抽絲的情形。

💡 聰明尋找掉落小物的絲襪吸塵法

　　耳環、隱形眼鏡這類的小東西，如果不小心掉在地上，總得小心翼翼蹲在地上，耐心的找啊找，非常累人！如果想要更聰明快速的找尋這類小物，就請吸塵器來幫忙！

　　在吸塵器的吸頭處包上絲襪並用橡皮筋固定，接著開啟電源，利用吸的方式，就可以快速的將整個空間「巡」過一遍，方便找東西。由於吸頭處多了絲襪的保護，物品被找到時也不怕被吸到機器內。

💡 絲襪毛巾
擦拭皮革不傷表面

擦拭皮鞋時，建議大家先將表面的髒污去除，再用柔軟的布擦拭。如果要讓鞋子擦得乾淨光亮又不傷皮質，質地細柔的絲襪會更好用。只需將毛巾折好套入絲襪內，就能輕鬆順手的將鞋子擦乾淨。

💡 用絲襪自製橡皮筋
彈性佳又柔軟

要捆綁物品，卻找不到彈性夠的大橡皮筋嗎？只要將絲襪腿部的部分剪成環狀，就成了柔軟但彈性極佳的大橡皮筋。自製的絲襪橡皮筋不論用來捆綁物品或者作為髮帶都很適合，另外，若有種植番茄、茄子等需要用支架固定的蔬果時，也可以用此橡皮筋取代鐵絲，效果好又不易弄傷植栽。

用絲襪清洗水龍頭
乾淨無刮痕

絲襪的質地很細緻，只要取一小塊絲襪沾點水，用來清洗金屬材質的水龍頭，不用擔心刮傷表面，又能讓水龍頭變得閃亮無水痕。

V
食品的創意用途
（一）

聰明使用
蔬菜

根莖類 / 瓜果類

大蒜、洋蔥、蘿蔔、番茄、馬鈴薯

💡 指頭壓住大蒜頭尾
就能輕鬆去皮

　　剝大蒜皮時，只要用大指姆和食指，壓住大蒜頭尾兩端，接著用力一壓，大蒜皮自然會裂開，可以很快剝好！

💡 先泡冰水
切洋蔥不流淚

　　切洋蔥很容易流淚的朋友，可以將剝好皮切對半的洋蔥，先放在冰水中冰鎮，或者在冰箱中冰一下，就可以有效減低淚流滿面的情況。

💡 以直角方式磨蘿蔔
口感會更佳

　　磨白蘿蔔泥時，若把白蘿蔔拿斜斜的磨，蘿蔔泥和水分容易分開。由於蘿蔔的纖維是縱向的，所以在磨的時候，應該讓蘿蔔和磨泥板成直角，這樣蘿蔔的水分和養分能全部保留，吃起來的口感也會較好。

💡 上下劃兩刀　輕鬆去除番茄籽

　　要將番茄去籽，有一個很簡單的方法！首先將番茄對半切開，在番茄籽和果肉相連處的上下各切一刀，就能輕鬆又完整的挖除番茄籽。

💡 底部劃十字　番茄易去皮

　　有些人在做番茄料理時習慣去皮，但番茄皮很薄，若要徒手撕除，實在很難。

　　建議大家可以在番茄的底部劃個十字，放入滾水中燙一下，待劃十字處出有點開了，就可以拿起來。燙過的番茄，只要用手輕輕一撕，就可輕鬆去皮。

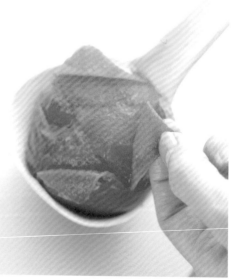

💡 馬鈴薯先整顆煮　會更容易剝皮

很多人在蒸煮馬鈴薯時，都習慣先削皮、切塊。其實馬鈴薯煮好後，馬鈴薯皮會有點裂開，很容易剝，而且整塊去蒸煮，營養較不會流失。

💡 根莖類蔬果　常溫保存不必冰

地瓜、馬鈴薯、老薑、大蒜等根莖類的蔬菜，其適合的貯藏溫度其實高於冰箱溫度，所以在存放時，只需擺在陰涼通風處即可，不必冷藏。

在保存這類蔬果時，建議放在透氣的藤籃中，底部鋪個報紙，一來可以防污，二來報紙具吸濕作用，可以讓根莖食物保持適當濕度，不易發芽。

💡 用燙青菜水澆花　要先加水稀釋

　　燙青菜剩下的水，不要倒掉。因為裡面富含很多營養素，很適合用來澆花！然而使用時要注意，要澆花的燙青菜水裡不要加調味料，而且使用前要先加水稀釋10倍。

💡 曬乾的九層塔　能有效驅蟲

　　將九層塔曬乾後，利用藤籃或者透氣的網袋放在衣櫃中，就能有效驅蟲，防止衣物被蟲咬破洞。

🌸 利用瓜果種子　創造有趣的迷你盆栽

　　現在很流行迷你盆栽或種子森林，這類的趣味盆栽，也可以DIY。將水果、瓜果的種子，或者發芽的蔬果（例如：柚子、檸檬、南瓜、酪梨、地瓜、馬鈴薯……），種在土壤中，就會長出小植栽，好玩又有成就感。

TIPS　種子使用前，記得要先洗淨但不必曬乾。

聰明使用
水果

橘子／柳丁＆檸檬／蘋果＆香蕉

 清潔　 生活妙方　 收納　 美化環境

橘子

用微波爐
自製絕不失敗的烘乾橘子皮

乾燥的橘子皮，除了可以用於料理或作為藥材外，橘子皮自然的香氣，是最佳的居家香氛。過去在製造乾橘皮時，大多採用晾曬的方式，但台灣的濕氣高，遇到不穩定的氣候，晾曬中的橘子皮很容易產生發霉以及引來小蟲子。

我發現用微波爐烘乾橘子皮，是最簡便的方法。將剝下的橘子皮放在淺碗中，接著放入微波爐以中火微波，就能讓橘子皮快速乾燥，不僅方便更能完全保留橘子香氣。

乾燥好的橘子皮可用網袋裝好，放在衣櫃、鞋櫃等空間做除臭芳香之用，也可以選個美美的容器，擺一些在廁所，也很有「味道」。

TIPS 烘乾橘子皮時，不必加水直接微波即可。在時間方面，建議大家以一分鐘為單位，每微波一分鐘就把橘子皮稍微拌一下讓受熱均勻，再依乾燥狀況，逐次增加微波時間。

用橘子皮去除肌膚上的原子筆痕

肌膚若不小心畫到原子筆,可以取一小片的橘子皮並稍微擠出一點汁來塗抹一下,就能去除原子筆痕。

洗衣袋裝橘子皮　自製入浴劑

將新鮮的橘子皮洗乾淨後,用紗布或洗衣袋包好,放入泡澡水中,就成了天然的柑橘入浴劑。

酒精泡橘子皮　去污清潔效果好

將橘子或者柳丁皮,泡在濃度70%的酒精,一個星期後,將果皮濾掉,就成了自製的天然清潔劑。使用時,可以裝在含噴頭的瓶子中,直接噴灑在流理台、牆面等油污處,就能有效除油。

柳丁&檸檬

只要一根湯匙
柳丁剝皮快又不沾手

　　喜歡吃整顆柳丁的人都知道，要剝柳丁皮不容易，若用指甲剝，一不小心就會弄傷果肉，破壞外觀。如果想要剝出完整又美麗的整顆柳丁，只要將小湯匙插入柳丁皮及果肉間，接著往前推，皮肉就會分開，不僅剝得快又完整，而且不會把手弄得黏黏的。

微波加熱
輕鬆擠出大量檸檬汁

　　手擠檸檬汁，總是費時又費力，如果要輕鬆省力擠出大量的檸檬汁，就請微波爐幫忙！將整顆檸檬放入微波爐內微波10秒後，因為果皮變得較軟，輕輕一擠就可以擠出汁來了！

用檸檬水洗手
去除海鮮腥味

　　剝完蝦殼後，手上常會有難以去除的腥味，讓人感到很不舒服。建議你可以準備一盆加了檸檬片的冷水，利用它來洗淨雙手就能去除腥味。然而要提醒大家，處理完海鮮要用冷水洗手，千萬不可用熱水，因為海鮮中的蛋白質遇熱後會變得更臭。

💡 利用檸檬皮去除微波爐的異味

　　微波爐中若有怪味殘留時，可以把擠過汁的檸檬皮放入微波一分鐘，完成後微波爐內就會有淡淡的檸檬香，接著再將內壁擦拭乾淨，就能有效去除異味。

💡 檸檬加水煮滾　鍋子不再有腥味

　　煮過魚的鍋子，常會留下不易去除的魚腥味，影響下一道菜的味道。這個時候可以利用檸檬或橘子來去除腥味。在鍋中加水並煮滾，接著放入檸檬片煮一會兒，腥味就會消失。

💡 菜刀切檸檬　去除刀面殘留的腥味

　　處理完海鮮，菜刀上多少會有腥味殘留。要快速去除味道，只要用菜刀切檸檬片，接著再用冷水沖乾淨即可。

蘋果＆香蕉

💡 未熟的奇異果和蘋果擺一起　能加速熟成

　　未熟的奇異果，買回來後可以放在室溫下2～3天催熟，或者將奇異果和蘋果或者是香蕉，一起放入塑膠袋中存放。因為蘋果和香蕉容易產生乙烯，可以加速奇異果的熟成。

聰明使用
菌菇類&南北乾貨

栗子&金針菇&干貝

 清潔　 生活妙方　 收納　 美化環境

栗子&金針菇&干貝

 栗子先冷凍　剝殼更輕鬆

栗子煮熟後不易剝殼，可冰在冷凍庫2小時，可讓栗子殼和果肉稍微分離，就很容易剝除。

金針菇先切掉底部
會更好洗

一般在食用金針菇時，都會將底端的部分去除，只食用上半段。因此在清洗時可以先不拆包裝，直接將底端切掉，接著再將金針菇連同包裝袋，用大量的水沖洗。這樣清洗，不僅乾淨還可以避免金針菇散落。

用冷水泡干貝
保持鮮美甜味

很多人在泡乾的干貝時，都會用熱水泡，其實如果要將干貝泡開，最好是在使用的前一夜，先將干貝泡在冷水中慢慢泡開，才能完全保有干貝的鮮美甜味。

聰明使用
雞蛋

💡 水煮蛋沖冷水　剝殼更容易

擺放較久的雞蛋，因為二氧化碳散失，會變得較容易剝殼。所以蛋殼如果很難剝，其實是新鮮蛋的特徵。如果要讓蛋殼更容易剝的話，煮好後要趕快撈出來用冷水沖，或者用冷水邊沖邊剝也是好方法。

💡 讓蛋殼自動分開的保鮮盒剝蛋法

若要剝出完美無瑕的水煮蛋，除了將煮好的蛋沖冷水外，沖好後可以放入保鮮盒內，並在盒子裡加一點點水，接著蓋上蓋子上下搖晃一番。因為盒子裡的水會進入蛋殼和雞蛋中間，蛋殼就會分開，剝蛋殼變得很輕鬆！

💡 蛋殼當肥料　營養效果有限

很多人會將蛋殼放在土壤上，認為可以提供植栽營養，其實不管是直接擺放或者將蛋殼磨碎，土壤對於蛋殼中的鈣質吸收，其實效果都不是很好！

💡 用蛋白拯救分叉的毛筆

毛筆寫久後，筆端難免會出現分叉的情況，若遇到這樣的情況，可以將毛筆洗淨後放入蛋白液中，經過一段時間後，再把筆尖稍微整理一下，待乾燥後毛筆就會恢復原貌。

BEFORE　　　　　　　　　　　　　　　　　　AFTER

聰明使用
米飯

💡 **煮飯時用冰塊代替水**
米飯會更Q

若使用米粒較不完整或者新鮮度較差的米時,可以在煮飯時加些冰塊,以冰塊代替水。因為在冰塊慢慢溶化的過程中,可以延緩米粒的吸水速度,讓煮出來的飯更香Q好吃。

💡 **米飯加洋菜**
提升口感更好吃

剩飯重覆加熱常會有股味道。在煮飯時加些洋菜,不僅能提升白飯口感,當加熱剩飯時,還能避免異味產生。

TIPS 洋菜的使用比例,2杯米加10公克洋菜,並直接放入鍋中即可。

💡 **加些檸檬汁　讓白飯充滿光澤**

煮飯時,先將米浸泡20～30分鐘,讓米粒吸足水分,飯煮起來會更好吃。另外,在煮之前,在鍋內加上少量的檸檬汁(3杯米加1/4顆檸檬汁),則能讓白飯充滿光澤。

💡 清洗米粒　2、3次就足夠

　　洗米時，大部分的人都會反覆沖洗很多次，深怕洗不乾淨會有農藥殘留。其實洗米的目的主要是去除米粒上雜質和異味，所以洗2～3次其實就足夠了！過度清洗，反而會讓營養流失。

💡 白米斜放電鍋內　讓一鍋白飯有三種口感

即使是一家人，每個人對於米飯的要求也不盡相同，有些人喜歡吃軟一點的飯，有些人喜歡硬一點的口感，對於煮飯的人來說，真是個麻煩！

其實有一個方法，能同時煮出不同口感的飯。將電鍋中的米（水量依正常標準），採用斜放的方式，故意不要鋪平，即可同時煮出軟、硬、適中，三種不同口感的飯。

💡 剩飯集中在電鍋中央　長期保溫不乾硬

用電鍋保溫剩飯，時間一久很容易會有乾掉的情形！若飯量不多，又要繼續保溫，記得要把剩飯集中在電子鍋的中央，這樣比較不會變乾硬，影響口感！

💡 用稀釋的洗米水澆植栽　能促進開花

很多人都會用洗米水來澆花，認為能給植物帶來養分。洗米水中所含的高磷肥，的確能夠促進開花。在使用時，將洗米水加水稀釋成10倍再用，而且最好一次用完，不要存放以免變質。

💡 米缸放大蒜　只能驅趕外來的蟲

許多主婦認為米缸裡放大蒜、辣椒等，可以用辛香料的氣味趕走藏在米裡面的米蟲。其實這些辛香料只能驅趕外來的蟲，但無法殺死原本就附著在白米上的蟲卵。若要真正防蟲，最好將白米置於冰箱冷藏。

聰明使用
麵食
吐司&麵包

吐司&麵包

烤焦的吐司
可當冰箱除臭劑

　　吐司麵包若不小心烤焦，則乾脆把它烤成深咖啡色如同炭化，這樣就能放進冰箱，做為除臭之用。

冷凍保存吐司
保留水分美味不流失

　　許多人都會趁著特價時，大量買進吐司。這種時候，若將吐司放在冰箱冷凍，能夠保存很久。然而建議大家若要冷凍保存，最好在買回來後就立刻冷凍，不要放了一陣子後才將吐司冷凍，這樣才能保有其原有的口感及水分。

> **TIPS**　冷凍過的吐司，從冰箱取出後，最好在室溫下稍微回溫，或者在表面噴點水，讓麵包吸收水氣再烤，口感會更好。

💡 利用乾掉的吐司　自製麵包粉

　　放太久乾掉的吐司，口感不佳，要丟掉又覺得可惜！若有這種情況時，可以把吐司磨碎做成麵包粉；自製的麵包粉比市售品更新鮮好味道，不論用來炸蝦或者豬排，都很香脆好吃！

> **TIPS** 要將吐司磨碎可以用磨泥板或者把吐司放在塑膠袋內，利用玻璃瓶壓碎。

💡 噴點水再加熱　讓麵包有剛出爐的口感

　　重新加熱的麵包，或許因為水分減少之故，吃起來常會覺得乾乾的。若要讓再加熱的麵包，吃起來像剛出爐般，烤之前不妨在麵包上噴點水，這樣麵包就能保有適當的濕度，不會變得乾硬。

> **TIPS** 麵包要噴好水再放入烤箱，不要在烘烤時對著裡面噴，這樣有可能造成電熱管爆裂，非常危險！

刀子先加熱　切蛋糕更平整

切生日蛋糕時，如果想要讓切口平滑美麗，記得要先將刀子加熱。至於加熱的方法，可以將刀子泡在熱水中，或者用火烤一下，都可以。此外，切蛋糕的刀法，要一刀切到底，中途不要將刀子提起，蛋糕內餡才會完整。

VI
食品的創意用途
（二）

聰明使用 料理油

〔料理油／料理廢油〕

聰明使用 飲品

〔茶葉＆茶包／咖啡渣／咖啡濾紙／酒類〕

聰明使用 烘焙材料

〔小蘇打粉／洋菜〕

聰明使用 調味料

〔白醋／鹽／糖＆味醂〕

聰明使用
料理油

料理油 / 料理廢油

料理油

💡 吸盤塗點油
用起來更牢固不易掉

　　吸盤是藉由真空力量進而產生吸附功能，若空氣不慎滲入，將會導致脫落。若吸盤會滑動，可於內側塗抹極少量的油分，因為油質具有阻絕水分及空氣的功效。

🧽 白醋加橄欖油
自製木家具保養液

　　在保養木製家具時，將1：2的白醋和橄欖油混合，並用軟布沾此自製保養液，輕輕擦拭木頭表面。因為白醋具有溫和的清潔功效，再加上橄欖油的滋潤度，讓木製品在清潔之餘還能展現光澤度。

💡 水中加麻油　加速蛤仔吐沙

　　蛤仔或者蜊仔買回來後，大家通常會放在水中，讓牠吐沙或吐土。這個時候不妨在水中滴幾滴麻油，因為麻油會隔絕水和空氣的接觸面，讓水中的含氧量降低，貝類只好加速呼吸，如此一來就可以加速吐沙或土的作用。

橄欖油加鹽巴　去除肌膚上殘留的機油

肌膚若不小心沾到機油或者油漆時，可以將橄欖油和鹽巴以1：1比例混合，直接清潔污處，接著再用香皂洗淨即可。

鍋內加點油　煮麵時不怕溢出

煮麵時，只要一不留意，水就很容易因沸騰溢出，而弄髒台面。下回試試，在水滾之前，先在水裡加一點點的料理油，接著再下麵條，因為浮在水面的油，在水中形成了表面張力，如此一來煮麵水就算很滾也不會溢出。

> **TIPS**
> 用橄欖油、沙拉油等料理油皆有效，但一定要在下麵條之前先放，如果放了麵再放油，就沒有效了！另外，油的量不要太多，只要稍微浮在表面即可，太多的話，煮好的麵會變成油油的，影響口感。

料理廢油

💡 **牛奶盒加廚房紙巾　聰明處理料理廢油**

　　料理剩下的廢油該怎麼處理？如果直接倒在水管，油污容易附著在水管壁，不僅油膩難洗，甚至容易有異味產生。建議你可以取一個牛奶紙盒，將開口拉開，裡面先塞滿報紙或者廚房紙巾，接著將不要的料理油倒入牛奶盒中。由於盒內的紙巾會吸附油脂，接著只要將開口用釘書機釘好，就可以很方便的處理掉。

💡 利用過期料理油　做出獨一無二的蠟燭

　　市售的廢油處理粉，除了可以用來處理廢油外，如果家中有放太久過期的料理油時，也可以利用此處理粉做成蠟燭，方法如下：

STEP ❶：在鍋中倒入最多650cc的料理油，並加熱至60℃。將廢油處理粉倒入
　　　　　油中，並攪拌均勻。

STEP ❷：待步驟1的油稍微冷卻後，就可以倒入加了燭心的耐熱容器中。

STEP ❸：當容器中的油完全凝固成固體狀，蠟燭就完成了！

TIPS
* 油倒入容器尚未凝固前，可以用兩枝免洗筷綁橡皮筋的方式，將燭心夾好固定。
* 可以在油未凝固前加入自己喜歡的精油，增加香氣。
* 燭心的部分，可到化工行購買現成品，或者將生日蠟燭中的燭心取出使用也可。

 廢油處理粉

市面上有賣一種廢油處理粉，只要將此粉倒入廢油中，就會凝
結成如果凍般的塊狀，方便丟棄。

聰明使用
飲品

茶葉&茶包 / 咖啡渣 / 咖啡濾紙 / 酒類

 清潔　 生活妙方　 收納　 美化環境

茶葉&茶包

不合口味的茶葉
變身薰香燈

　　有時候會收到別人送的茶葉，雖然珍貴但卻不合口味，想留也不是，丟也捨不得！除了再轉送他人外，利用茶葉特有的天然香氣，可以作為薰香之用。將乾茶葉直接放在薰香燈原本放精油處，點上蠟燭加熱後，茶葉就會發出雅緻的香氣，非常舒服！

茶葉渣是掃地的好幫手

　　用過的茶葉別直接扔到垃圾桶，它可是掃地的好幫手喔！將泡過的茶葉倒在地上，並依照一般掃地的方式做清掃，由於茶葉中含有微量的水分，可以沾附地面的灰塵同時擦拭地面，不僅清潔度佳還能避免塵土飛揚。

TIPS 這個方法適合用於像是陽台、公共樓梯這類，有塵土但又不方便用水沖的地方。

💡 利用沖茶袋 自製鞋子專用除臭包

　市售的沖茶袋多採用透氣性佳的不織布製成，除了可以用來沖泡飲品外，將乾燥的茶葉或者咖啡豆放在袋中，就成了鞋子專用的除臭除濕包。由於袋子的大小適中，建議直接放在鞋內使用，效果更好！

💡 煮茶葉水　去除陶鍋異味

　想要去除陶鍋所吸附的異味，煮茶葉水是很有效的方法。因為茶葉所含的成分，能吸附異味，徹底除臭。

💡 沖茶袋是衣物除濕防蟲的好幫手

　防蟲劑或者除濕乾燥包，擺放時最好不要直接接觸衣物，以免產生變色或變味的情形。吊掛的衣物若要擺這些除濕防蟲品時，可以將其裝在附提帶的沖茶袋內，擺好後將沖茶袋掛在衣架上，不僅好找易更換，而且不會沾到衣服。

💡 茶葉加熱　去除烤箱異味

　烤箱或微波爐加熱食物後，常會留下異味，若要除臭可以把用過的茶葉放入烤箱加熱3～5分鐘，或微波爐加熱1分鐘，就能消除異味，留下淡淡茶香。

> **TIPS** 冰箱內若有異味，可以放些乾茶葉以吸附味道。

咖啡渣

🧹 垃圾上撒咖啡渣　有效去除異味

　　若擔心垃圾有異味的話，可以把曬乾的咖啡渣撒在垃圾上，就能有消臭功效。另外，像是冰箱或者微波爐內有異味時，也可以利用咖啡渣來去味。

💡 土壤加咖啡渣　減少蟲蟲危機

　　將少量的咖啡渣放入盆栽的土壤中，除了可以分解成為肥料，還具有驅蟲的效果喔！因為咖啡渣中所含的咖啡因，可以驅趕蝸牛等軟體動物，減少蟲蟲危機！

🧼 利用咖啡渣　自製除臭香皂

　　咖啡渣能除臭，再加上其所含的活性碳可以吸附微小的污垢，利用咖啡渣自製香皂，具清潔、除臭雙重功效。

STEP ❶：香皂刨絲或切成小塊，放入耐熱容器中並加少量的水。接著將香皂微波加熱，讓其軟化。

STEP ❷：在軟化的香皂中加入咖啡渣，攪拌均勻後，放入容器中定型。

TIPS
* 除了可以自製咖啡肥皂外，洗手時也可以在手掌上先倒洗手乳，接著再撒上一些咖啡渣，兩者相搓揉，也有去污除垢及清潔功效。
* 自製咖啡香皂時，最好選用味道淡一點的香皂，才能突顯咖啡的香氣。

咖啡濾紙

用咖啡濾紙 自創小字條收納袋

將咖啡濾紙用雙面膠黏在筆記本的封底內側，就成了實用小口袋，可以收納字條、收據等小紙張。

利用濾紙 讓用過的炸油恢復清澈

用過的炸油，若要濾掉食物渣的話，可以在濾斗上加個咖啡濾紙，就能讓料理油恢復清澈。

紅酒瓶的軟木塞屑 可以用濾紙去除

開紅酒時，若軟木塞的屑屑，不小心掉入酒裡面時，可以利用咖啡濾紙來濾除。

酒類

利用白酒 去除衣物上的紅酒漬

用餐時若不小心打翻紅酒時，只要在污處再倒些白酒，紅酒的痕跡立刻就會消失，非常神奇。因為白酒中的酒精成分，可以溶解紅酒中的多酚物質，達去污之效。

喝剩的啤酒是清潔爐台的好幫手

啤酒中含有酒精成分，用喝剩的啤酒來清潔爐台的輕度油污，效果很好！

伏特加和精油　自製抗菌噴劑

將70cc的水加30cc的伏特加，再配上約50滴的茶樹精油，放入含噴頭的瓶中，就成了茶樹精油抗菌噴劑。自製的噴劑可以做為環境清潔之用，也可以噴在螞蟻常出沒處，能有效防蟻。

聰明使用
烘焙材料

小蘇打粉 / 洋菜

 清潔　 生活妙方　 收納　 美化環境

小蘇打粉

 **小蘇打粉
去除洗碗機異味**

　　洗碗機雖然是讓碗盤變乾
淨的地方，但食物的殘渣、
油垢加上殘留的水氣，有時
會讓洗碗機本身有去不掉的
異味。

　　遇到這種情況時，可以在
原本放洗碗機清潔粉的盒子內
改放小蘇打粉，讓洗碗機空洗
一次，就可以去除異味。

**小蘇打粉加精油
讓空氣自然又清新**

　　不喜歡市售芳香劑的人工
香味，但又想讓浴室等居家
空間，帶點淡雅清香的話，
就用小蘇打粉自製香氛吧！

　　在容器內裝八分滿的小
蘇打粉，並在裡面加幾滴喜
歡的精油，由於小蘇打粉本
身能除臭，再加上精油的香
味，讓你擁有自然好氣息！

🧽 利用小蘇打粉　自製深層清潔洗髮精

　　有些人因為常使用髮膠等造型產品，所以會定期使用深層清潔洗髮精。

　　其實不一定要花大錢買這類產品，大約一週一次，將適量洗髮精倒於掌心並加一點點的小蘇打粉，然後攪拌均勻，並依一般方式洗頭，就可以增強清潔力，避免造型產品的殘留。

　　用加了小蘇打粉的洗髮精洗頭，一開始會覺得有一點點澀，但清潔度佳，而且頭髮乾了以後，其實不會有乾澀的不舒服感。

🧽 小蘇打粉糊加鹽　清潔烤箱效果好

　　清除烤箱焦垢時，可以用小蘇打粉沾點水刷洗，乾淨又安全。如果污垢情況嚴重時，可以試試在加了水的小蘇打粉糊裡，再放入一點點的鹽，研磨效果會更好。

💡 鞋內撒小蘇打粉　有效去除異味

　　夏天天氣熱，鞋子很容易因流汗而產生異味。如果鞋子裡臭臭的，又不能洗，有個簡單的除臭法喔！將小蘇打撒在鞋子內，幾天後，將粉拍掉就可以除臭！

💡 鋁箔紙和小蘇打粉　讓變黑的銀飾恢復光澤

　　氧化的銀製品除了可以用專門的拭銀布擦拭外，若是餐具等銀製家用品，可以試試這個簡單便利的方法。

　　在水中加入鋁箔紙和兩湯匙的小蘇打粉及鹽，並將變黑的銀製品泡在其中，就能恢復原有的光澤。

💡 泡澡水加小蘇打粉　讓肌膚更滑順舒服

泡澡時將1/2杯的小蘇打加入水中、混合，就可以讓皮膚摸起來更滑順舒服！因為小蘇打粉可以中和肌膚的酸性，又可以去除身上的髒污和汗水，洗完後充滿清爽感！

🧽 寵物窩撒小蘇打粉　清潔除臭又安全

將小蘇打粉撒在寵物的窩內，並靜置15分鐘，接著再用吸塵器將小蘇打粉吸乾淨，就能做好寵物窩的基本清潔及除臭工作，而且不用擔心對動物會造成危險。

🧽 菜瓜布泡小蘇打水　除臭又去污

海棉菜瓜布用久後常會變得臭臭又油膩，所以清洗碗盤之餘，別忘了也要給海綿菜瓜布洗洗澡！在一公升的溫水中加四湯匙的小蘇打粉，接著把海棉和抹布泡在水中一個晚上，取出後洗淨，就能有效除臭去污。

🧽 小蘇打粉加精油　地毯清潔更升級

將小蘇打粉撒在地毯上，靜置一晚後吸除，就能讓地毯保持乾淨。如果要讓清潔效果更升級的話，可以在小蘇打粉內先加數滴像是茶樹、尤加利、薄荷等具抗菌功效的精油，再撒在地毯上，這樣一來又多了除菌及香氣等多重效果。

洋菜

用洋菜粉自製超神奇的烤盤清潔劑

烤盤、鍋具、爐架等廚房用品，如果沾滿了油污時，別急著用菜瓜布刷洗，因為用力刷，不僅廢力更容易刮傷表面。利用做果凍常用的原料～洋菜，可以自製效果佳又方便的神奇清潔劑。

STEP ❶：如同做果凍般將洋菜放入水中，加熱並完全溶解。接著再將洋菜液倒入烤盤中。

STEP ❷：凝固後，洋菜凍會將烤盤表面的髒污黏住，接著只要取下洋菜凍，髒污也會一併落下。

TIPS 製作洋菜凍所需的水和洋菜比例，可以參考洋菜的包裝說明。

聰明使用
調味料
白醋 / 鹽 / 糖&味醂

 清潔　生活妙方　收納　美化環境

白醋

白醋加硼砂　有效去除馬桶污垢

要去除馬桶內一整圈的水垢，可以用50公克的硼砂加300cc的白醋混合後，噴灑在水垢處，放置2～3小時後洗淨，就能去除。

白醋加水　徹底清潔咖啡機

美式咖啡機使用一陣子後，都會有水垢及咖啡垢殘留。在咖啡機裡放水及白醋（水：醋＝10：1），並依一般的方式操作，利用醋來達到清洗內部之效。

洗過一次後，將水倒掉，再用清水「空煮」咖啡機兩或三次，讓內部徹底清潔。

衣物泡醋水　螢光劑不殘留

現代人越來越重視健康，也很擔心買來的衣物上會有螢光劑殘留。所以下回新衣服買回來後，不妨先浸泡在醋水中（水和醋以200：1的比例稀釋），接著再依一般洗衣程序洗滌，就可以去除螢光劑。

利用白醋　去除洗碗機的水垢殘留

水垢會影響洗碗機的洗淨力，所以要記得定期幫洗碗機做體內環保。首先，洗碗機內部的餐具清空，在洗劑的放置格中，改放白醋，並啟動開關，空洗一遍。由於醋中的醋酸能促進水垢的分解，用於清洗機器本身，效果很好。

噴點醋水
去除物品表面的小蘇打粉殘留

使用小蘇打做居家清潔，雖然乾淨又環保，但大家常會有這樣的煩惱，那就是清潔、擦拭、乾燥後，物品表面常會有小蘇打的白色粉末殘留。

若要避免此情形，可以在使用小蘇打粉清潔後，於原處再噴上醋水（醋：水＝1：2），由於酸性的醋能中和鹼性的小蘇打，就不會有殘留。

木製家具的去油清潔法

放在廚房一帶的木製餐櫃，很容易因沾染油煙而產生油垢。要去除木櫃上的油垢，可以在水中加些洗碗精，用抹布沾此稀釋的洗碗精水、擰乾後，擦拭整個餐櫃。

擦拭後記得要用乾抹布，把殘留的水分拭去；接著再用4公升的水中加2杯的醋，以同樣的方法將櫃子擦過一遍即可。

以白醋製成的多用途清潔劑

白醋所含的醋酸具有分解污垢的能力，利用白醋就可以自製簡單好用的多用途清潔劑。

將100cc的白醋和50cc的水混合，並加入5滴具抗菌功效的尤加利精油，混合好的自製清潔劑，可以用於水槽、桌面、話機以及玩具等物品的清潔，效果好又安全。

📦 水加白醋　清潔保養榻榻米

榻榻米的表面有一層保膜護，若用清潔劑擦拭清潔的話，很容易把保護膜給破壞掉，讓榻榻米變得脆化。若要清潔及保養榻榻米，可以在小水桶內加七分滿的水和30 cc的白醋，用抹布沾此醋水後，擰乾擦拭榻榻米，就能達去污之效。

> **TIPS**　擦拭後最好再用乾抹布把殘留的水分拭去，以保持乾燥。

💡 用白醋去除熨斗水垢

熨斗用一陣子之後，常會有蒸氣量變少的情形，那是因為水中含有礦物質，日積月累下形成水垢造成阻塞，進而影響蒸氣排出。

若要去除熨斗內的水垢，可以在注入處放入水及少量的白醋，接著開啓電源讓蒸氣不斷排出。待冷卻後，再把剩餘的水倒掉即可。

💡 料理時白醋最後放

料理時若要放白醋，最好在快起鍋時再放，因為醋遇熱會揮發，味道會變淡。

💡 白醋加熱　去除微波爐異味

微波爐內若有異味時，可以把醋或者橘子皮放入微波爐加熱約一分鐘，就能有效又快速的分解臭味。

鹽

🧽 打翻飲料　可先用鹽巴處理

　　不小心將紅酒、果汁等飲料打翻在衣服上時，可以先在髒污處撒上大量的鹽巴，利用鹽巴來吸附打翻的液體，就可以減少滲入衣物纖維的液體量，髒污會更容易去除。

💡 豆腐泡鹽水　烹調時不易破

　　軟軟嫩嫩的豆腐，在拿取或料理時，一不小心就容易弄破，對於料理新手來說，很難控制！

　　想要完美保留豆腐原形，料理前不妨將豆腐泡在鹽水中，在烹調時較不易破碎。

💡 鹽罐加炒過的米　防止受潮

　　鹽罐中的鹽，很容易因為吸濕而結塊。因為米粒本身會吸收濕氣，若在鹽罐中加些炒過的米，就能防止鹽巴受潮。

> **TIPS**
> 放在鹽罐中的米粒，要先炒乾再使用。方法則是將生米放在平底鍋內，不必加料理油，直接乾炒至呈淡咖啡色。

打破蛋時
先撒上鹽巴較易清乾淨

　　蛋液打翻或者滴在地板上，滑滑稠稠的，很難清理，如果沒有清乾淨的話，不小心踩到，又容易跌倒受傷，非常危險！

　　下次若打翻雞蛋的話，不要急著擦。先在蛋上面撒滿鹽巴，並靜置個15分鐘，由於鹽巴會吸附蛋汁，接下來只要將鹽掃起來即可，很容易清理！

利用鹽巴
對付燒焦的不沾鍋

　　不沾鍋不小心煮到燒焦時，若用力刷洗，很容易把表面的塗層給刮壞，影響不沾黏的效果。

　　若碰到不沾鍋燒焦時，只要在鍋內撒一把鹽，鹽粒就會非常神奇的附著在焦垢上，接著只要把鹽輕輕去除（不必用力刷），鍋子立刻變乾淨！

💡 雙手搓鹽巴　去除海鮮腥味

剝完蝦子殼或者處理海鮮後，常會讓手上留有難以去除的腥味嗎？可以試試利用鹽巴搓揉雙手，就可以去腥。

💡 烤魚前撒些鹽　口感肉質會更佳

烤魚時，在表面撒上一層鹽的話，可以讓魚的表面固定，食物烤好後外觀會更完整，口感及肉質也會較佳。然而記得要在放入烤箱之前才撒鹽，如果太早撒鹽的話，會讓食材出水，效果會完全相反。

💡 冰塊和鹽　讓飲料快速變涼

若想讓飲料快速變冰涼，可以取個大塑膠桶，在裡面放滿冰塊並撒上2～3湯匙的鹽，接著再倒入和冰塊差不多高度的水，就可以急速冷卻。

💡 加些油和鹽巴　煮義大利麵更入味

　　煮義大利麵時，正確的煮法是趁水滾開之後，在水裡滴幾滴橄欖油，撒少許鹽巴，再將麵下鍋。這樣做不僅容易入味，煮的時候水也較不會溢出來。

🧽 用鹽輕搓小黃瓜　清潔更徹底

　　一般在洗蔬果時，都會建議大家用水沖洗即可，不必泡鹽水。然而在清洗小黃瓜時，方法則有些不同。除了將小黃瓜置於水龍頭下用水沖洗之外，接著在砧板上撒些鹽，把小黃瓜在砧板上搓滾一下並沖乾淨。多了這個動作，可以去除殘留在角質層的農藥，清潔更徹底。

💡 利用鹽巴　去除院子裡的雜草

　　院子的磁磚縫若有雜草的話，可以在雜草處撒上一層鹽巴，然後澆水或者等下雨，雜草吸收鹽水後，會自然乾枯。

📘 絨毛娃娃的鹽巴乾洗法

　　絨毛娃娃若變得黑黑髒髒時，用水洗清潔，當然是效果最佳且最乾淨的方法。然而若是無法水洗的娃娃，則可以用粗鹽，自行乾洗。

　　方法很簡單，取一個塑膠袋，將絨毛娃娃和粗鹽放入袋中，接著將袋口綁緊，努力的上下左右搖晃，約一分鐘。接著取出絨毛娃娃，將殘留的鹽拍掉，立刻能恢復潔白！

糖 & 味醂

💡 用糖代替味精　味美又健康

　　現代人在料理時，為了健康，都想減少像是味精等人工添加物的使用。如果想要提味，但又不想用味精時，用糖來代替吧！糖可以增鮮，而且比味精更自然健康。

💡 煮菜加太多鹽　可以用糖中和鹹味

　　煮菜時，如果不小心放了太多鹽，沒關係！只要在太鹹的菜裡加一點糖，就可以中和掉鹹味。

💡 做麵包加味醂　口感更鬆軟

　　以糯米、蓬萊米製成的味醂（又稱「米醂」）常用來代替味精、糖的調味品。

　　其實味醂除了可做為調味外，也可以用在烘焙上。做麵包和麵糰時加些味醂，能增加麵包的柔軟度，讓口感更鬆軟。

後記

　　透過書籍的出版歷程，讓我有機會好好回顧生活中每段時間，有哪些值得感謝的事以及感恩的人。對我來說，這是寫作上的另一種收穫。

　　當然，最要感謝的是我的家人，你們是強而有力、隨叫隨到的啦啦隊外加智囊團，你們真是太好了！另外，我要感謝我的舅舅，因為他給了我出這本書的概念及想法。

　　感謝貓小P、阿春、正毅，及圓神編輯群真真、振宏、靜怡、佩文及美編益健，還有荳媽、鹿兒等工作夥伴及朋友們，你們的協助及付出，讓這本書更加精彩好看！

http://www.booklife.com.tw　　　　inquiries@mail.eurasian.com.tw

Happy Family 023

超市魔法家 105個日常小物‧300種創意生活

作　　者／陳映如

發 行 人／簡志忠

出 版 者／如何出版社有限公司

地　　址／台北市南京東路四段50號6樓之1

電　　話／（02）2579-6600‧2579-8800‧2570-3939

傳　　真／（02）2579-0338‧2577-3220‧2570-3636

郵撥帳號／19423086　如何出版社有限公司

總 編 輯／陳秋月

主　　編／林振宏

專案企畫／吳靜怡

責任編輯／尉遲佩文

美術編輯／金益健

行銷企畫／吳幸芳‧陳姵蒨

印務統籌／林永潔

監　　印／高榮祥

校　　對／陳映如‧林振宏‧尉遲佩文

排　　版／陳采淇

經 銷 商／叩應有限公司

法律顧問／圓神出版事業機構法律顧問　蕭雄淋律師

印　　刷／龍岡數位文化股份有限公司

2009年12月　初版

定價 299 元　　　　ISBN 978-986-136-236-6

有了正確的知識，卻不付諸行動，完全沒有意義。

吃正確的食物、養成好的生活習慣、多喝好水、充分休息、

適度運動、時時保持幸福愉悅。

擁抱不生病的生活，隨時開始，永不嫌遲。

——《不生病的生活》

想擁有圓神、方智、先覺、究竟、如何、寂寞的閱讀魔力：

◼ 請至鄰近各大書店洽詢選購。

◼ 圓神書活網，24小時訂購服務

　免費加入會員‧享有優惠折扣：www.booklife.com.tw

◼ 郵政劃撥訂購：

　服務專線：02-25798800　讀者服務部

　郵撥帳號及戶名：19423086　如何出版社有限公司

國家圖書館出版品預行編目資料

超市魔法家：105個日常小物,300種創意生活 / 陳映如著.
-- 初版. -- 臺北市：如何，2009.12

160面 ;17*23公分. -- (Happy family ; 23)

ISBN 978-986-136-236-6(平裝)

1.家政

420　　　　　　　　　　　　　　　98019229